AF209122

Warum Fliegen sich im Kino langweilen

Bionische Methoden als Chance für die Zukunft

www.kleisny.de

Die Deutsche Bibliothek – CIP Einheitsaufnahme

Kleisny, Helga:
Warum Fliegen sich im Kino langweilen
Bionische Methoden als Chance für die Zukunft
ISBN 3-8311-0155-8
2. Auflage, 2001

Druck: Libri Books on Demand; www.libri.de

Sie möchten Ihr Projekt in der nächsten Auflage auch erwähnt sehen? Kein Problem – für Verbesserungsvorschläge und Anfragen wenden Sie sich bitte an: hkl-publishing@kleisny.de

Umschlaggestaltung: Barbara Schulze, Email: meisen19@aol.com
Titelbildbearbeitung „Robo Koneko": Guido Schmitz

 www.kleisny.de

Warum Fliegen sich im Kino langweilen

Bionische Methoden als Chance für die Zukunft

Helga Kleisny

Über dieses Buch

Die Strategien für die Zukunft liegen vor uns. Oder liegen sie hinter uns? Oder genau da, wo wir sie sicher nicht vermuten würden? Dass die Technik eine große Rolle spielt, ist klar. Wer aber verbohrt und engstirnig weiterhin sein Fachgebiet isoliert betrachtet, der findet sich in der nächsten Generation fernab vom Geschehen.

Die Zukunft ist spannend. Sie ist abwechslungsreich und umfasst mehr, als wir uns heute in den kühnsten Träumen vorstellen können. Trotzdem: Ohne Visionen, ohne Träume, ohne ein komplettes Fallenlassen gewohnter, einschränkender Sichtweisen gibt es keinen Fortschritt.

Spannendes Entdecken. Mit ungewohnten Denkstrukturen und Methoden zum Ziel. Spaß haben am Neuentdecken. Genau darum geht es in diesem Buch. Starten Sie jetzt!

Helga Kleisny ist eine erfolgreiche Journalistin und Fachbuchautorin. Die Technische Physikerin versteht es, auch komplexe technische Sachverhalte in vergnüglich lesbare Texte umzusetzen. «Technik muss leicht verständlich präsentiert werden und Spass machen» heißt das Motto ihres Erfolges. Diese Begeisterung versucht sie auch in den Technik-Journalismus-Studenten an der FH-Bonn-Rhein-Sieg zu wecken.

Die Themen der begeisterten Fallschirmsprunglehrerin und Pilotin sind vielfältig: Sie reichen vom Flugzeugmotor bis hin zu Problemen erfolgreicher Managerinnen und dem Verständnis schnurrender Vierbeiner. Einige ihrer Bücher sind im Anhang aufgeführt.

Inhalt

Wie ein roter Faden möge die Neugier dieses Buch durchziehen. Neugier und Sehnsucht als stärkste Motivation für Entwicklung und Fortschritt.

Einer der größten Träume der Menschheit ist, den Alltag mit all seinen Fesseln hinter sich zu lassen. Abzuheben. Aufzusteigen in Höhen und Bereiche, die über den Sorgen und Nöten des erdgebundenen Lebens liegen.

Die wahren Träume sind nicht im Kopf – da irrt Illusionist André Heller –, sondern die wahren sind die, die wir unter Anstrengung und trotz etlicher Rückschläge realisieren. Hinauszuwachsen über die Anforderungen des Alltags gelingt nur durch eine andere Sichtweise, durch einen erweiterten, uneingeschränkten Horizont – durch Abweichen von eingefahrenen Bahnen, von gewohnten Denk- und Verhaltensmustern.

Traumhaft visualisiert und akustisch umgesetzt hat diese Vision der amerikanische Videofilmer und Fallschirmspringer Norman Kent (Internetseite: *www.normankent.com*). Texte aus seinem 1999 erschienen Video: «Willing to Fly» sollen Basis für eigene Inspirationen bilden und als Bogen die einzelnen Kapitel verbinden.

Macht.

Abheben. Fliegen. Die Schwerkraft überwinden. Vom Traum zur Nachahmung. Von Leonardo bis zum Raumgleiter.

Zeit.

Wonach die Natur optimiert. Die Gesetze bionischen Designs. Warum Flugzeuge in den USA Strafpunkte bekommen. Systemoptimierung – die Strategie der Evolution.

Lernen.

Form follows function. Design mit Hintergedanken. Warum die Hummel doch fliegen kann. Wie das trägerlose Abendkleid hält und warum selbst männliche Eisbären keine breiten Schultern haben.

Die Fragen.

Oberflächen und Beschichtungen. Das Geheimnis ewiger Jugend. Was mit Muscheln beim Italiener passiert. Warum Eisbären nicht durchsichtig sind. Wie Schiffe ihren Bart los werden. Warum man Tragflächen löchert wie ein Sieb.

Erfolg.

Bewegung. Das Geheimnis in der Cheopspyramide. Wie Roboter laufen. Das Gemeinsame an einem gespannten Bogen und einem Muskel. Neue Einsatzideen für Marilyn Monroe´s gute Freunde. Wie Mülltonnen Tore schießen. Die Missionen fiktiver Agenten. Der Thunfisch mit den gelben Flossen und seine Aktuatoren. Wie man Sprengstoff findet. Die Nachfahren von Frankensteins Monster.

Spaß.

Sensoren. Warum eine Stunde nicht immer eine Stunde dauert. Die Augen und Ohren der Natur. Spürnasen. Wozu Katzen-Barthaare gut sind. Wie Babys und Roboter lernen zu kommunizieren .

Ansichtssache.

Neuronale Netze. Wie das Gehirn funktioniert. Denkende Computer. Lernende Computer. Fuzzy Logic. Warum Transputer kein Schreibfehler ist.

Individualität.

Robotertheater. Robby und der Pinsel. Wenn der Nutzen und das Design (gutes Design hat Funktionalität zum Ziel) in den Hintergrund rückt…

Der Flug.

Düfte von der Steuer absetzbar? Hochleistungscomputer aus Chloroform. Die Ethik der Blechgenossen.

Die Zukunft.

Anhang

Bücher zählen mit zu den schönsten Erfindungen, die der Mensch vollbracht hat. Das Internet ist eine der besten Entwicklungen seit Gutenberg. Wie sich beide in vollkommener Harmonie ergänzen können, zeigt dieses Kapitel.

Im Sonnenaufgang über der Küste flirrt das Licht.
Schemenhaft tauchen die Umrisse einer Tänzerin auf, die über die
Erde zu schweben scheint.

In meinen Träumen geht die Sonne auf. Ich tanze der Küste entlang. Bin ich eine Tänzerin, die träumt, oder eine Tänzerin in
einem Traum?

Ich tanze, weil ich nicht fliegen kann.

Ist das die Realisation von Träumen und Wünschen der
Menschheit, zu fliegen?

Sie schwebt zwischen dem Himmel und seinem Spiegelbild im Meer
und der Küste, die das Meer reflektiert.

Ich möchte fliegen. Kann ich?

Sie tanzt mit all ihrer Sehnsucht, abzuheben aus den Fesseln der
Erde. Ihr Tanz gleicht einem Versprechen, einem flüchtigen Blick hinter
einen Schleier imaginärer Realität.

Ich tanze mit dem Schleier zwischen Wirklichkeit und Traum. Ich
kann sehen, was dahinter liegt. Der Schleier bildet keine Grenze.
Die Trennung zwischen Realität und Imagination verschwimmt.

Wenn man keine Worte findet, so muss man seine Gefühle über den
Körper ausdrücken. Klar und bestimmt.

Ich kann den Himmel greifen, ich versuche zu fliegen, aber meine
Füße können den Boden nicht verlassen. Sie werden festgehalten
von Glaubenssätzen – wer ich bin und was ich kann.

1

Sichtweisen. Denkbarrieren.
Statt einer Einleitung…

Warum überquerte das Huhn die Straße? ;-)
(aus dem Internet)

Um auf die andere Straßenseite zu kommen.
(Kindergärtnerin)

Für ein bedeutenderes Gut.
(Plato)

Es ist die Natur von Hühnern, Straßen zu überqueren.
(Aristoteles)

Es war historisch unvermeidlich.
(Karl Marx)

Weil das der einzige Ausflug war, den das Establishment dem Huhn zuge-
stehen wollte.
(Timothy Leary)

Um dahin zu gehen, wo noch kein Huhn vorher war.
(Captain James T. Kirk)

Wegen eines Überschusses an Trägheit in seiner Bauchspeicheldrüse.
(Hippokrates)

Ich sehe eine Welt, in der alle Hühner frei sein werden, Straßen zu überqueren, ohne dass ihre Motive in Frage gestellt werden.
(Karl Marx)

Wie viele Hühner müssen noch die Straße überqueren, bevor Sie glauben, was Sie mit Ihren eigenen Augen gesehen haben?
(Fox Mulder)

Das Huhn hat die Straße nicht überquert. Ich wiederhole, das Huhn hat die Straße NICHT überquert..
(Richard M. Nixon)

Das Entscheidende ist, dass das Huhn die Straße überquert hat. Wen interessiert der Grund? Die Überquerung der Straße rechtfertigt jedes mögliche Motiv.
(Machiavelli)

Ich habe gerade Huhn 2000 herausgebracht, das nicht nur die Straße überqueren, sondern auch Eier legen, wichtige Dokumente verwalten und Ihren Kontostand ausgleichen kann.
(Bill Gates)

Hühner wurden über eine große Zeitspanne von der Natur in der Art ausgewählt, dass sie jetzt genetisch bereit sind, Straßen zu überqueren.
(Darwin)

Ob das Huhn die Straße überquert hat oder die Straße sich unter dem Huhn bewegte, hängt vom Betrachtungsrahmen ab.
(Einstein)

Um zu sterben. Im Regen.
(Ernest Hemingway)

Ich hab eines übersehen?
(Colonel Sanders)

Robo-ko-neko ist knallbunt. 64000 Neuronen steuern im Gehirn die ersten tapsigen Gehversuche des Roboterkätzchens (robo – japanisch für Roboter, ko = Kind, neko=Katze). Die japanische Computerkatze soll beweisen, dass Computer wie menschliche Gehirne Wissen aufbauen, und daraus folgend, schnell Reaktionen auslösen können. Hugo de Garis, einer der Chefentwickler dieser Forschung, ist der Meinung, dass in wenigen Jahrzehnten Computer erfolgreicher denken werden als Menschen.

Entdeckungsreise in neue Welten

ErfolgreichER. Konkurrenz: Technik-Mensch. Natur als etwas, das es zu bezwingen gilt. Zu übertreffen.

Mit der Großindustrialisierung begann der Mensch, Technik als Gegenrichtung zur Natur zu sehen. Nicht nur bezwingen, sondern vor allem übertreffen, hieß die Devise. Größer, höher, schwerer. Ohne Rücksicht auf sinnvolle Einschränkungen oder Anpassungen. Die Titanic, der Wasserstoff-getriebene Zeppelin, die Atombombe sind Ausprägungen dieser Weltanschauung.

Die einseitige Sicht- und Handlungsweise, in der technische Errungenschaften primär dazu da sind, Naturgegebenes zu ersetzen, war genauso zum Scheitern verurteilt, wie die später folgende extreme Gegenrichtung, die sich gegen Fortschritt, Kommunikation und Mobilität richtet.

Auto, Flugzeug, Eisenbahn, Kommunikator mit Telefon, Fax und Internetanschluss, Waschmaschine, Geschirrspüler und Computer. So schön es sein mag, im Urlaub mal ohne die Segnungen unserer Zeit auszukommen – wer im täglichen Wettbewerb bestehen will und auch morgen noch sein Einkommen verdienen möchte, kann nicht auf die kleinen Hilfsmittel der Technik verzichten. Mit dem Fahrrad ist der Weg zum Geschäftspartner in den USA oder Asien weit und ohne Telefon und Fax landet der Auftrag schnell bei der Konkurrenz.

Eine der bewährten Techniken, sich Neues anzueignen, ist Nachahmen. Lernen durch Imitieren – so entdecken Kinder die Welt. Selbst Tiere haben manchmal Interesse, menschliche Fähigkeiten nachzumachen, wie etwa Katzen und Hunde, die durch Zusehen lernen, Türen zu öffnen.

Was liegt daher näher bei der Entwicklung von Neuem, als sich Bewährtes zu Nutze zu machen? Lilienthals erste Flugversuche beruhten auf ausgiebigen Studien der Natur – schließlich erheben sich Vögel seit Jahrmillionen erfolgreich in die Lüfte und legen dort große Strecken zurück. Die Natur als Vorbild zu nehmen, ist schon lange eine Möglichkeit, Träume in die Realität umzusetzen. Heute interessieren sich mehr und mehr Forscher (auch in der industriellen Entwicklung) für diese Art des Lernens, des Entwickelns. Während Lilienthal clever einen Anhaltspunkt suchte, um seine Ideen vom Abheben von der Erde möglichst effektiv umsetzen zu können, hat heute das Abkupfern von der Natur System: **Bionik** nennt sich die noch junge Wissenschaft, die mit Strategien und gezielten Methoden Nutzen aus vielen Jahrtausenden von Entwicklung durch die Evolution der Natur nehmen will.

Natur ist nun nicht mehr Gegensatz, sondern beeinflusst den technischen Fortschritt. Die perfekte Harmonie von biologischen Vorgängen und Technik ist das Ziel. Das Millenium und die Zeit danach sind gekennzeichnet durch eine neue Art der Geisteshaltung: optimale Zusammenarbeit ist zunehmend gefragt. Wie können wir von der Natur lernen und die Natur zum Vorteil der Technik und damit auch für uns Menschen einsetzen? Und wie kann sich im Gegenzug Technik sinnvoll auf die Natur auswirken?

Es gibt noch viel zu entdecken. Packen wir's an!

Umdenken ist gefragt. Wenn geradeaus keine Lösung winkt, dann liegt sie vielleicht im Blickfeld, wenn wir dieses um 180 Grad drehen. Dass künftig auch eingefleischte Techniker über ihren Tellerrand hinaus gucken müssen, hat sich herumgesprochen. Extremes Beispiel dafür ist ein Wäschehersteller, der die Beschwerden von Frauen über wenig funktionelle Sport-BHs ernst nahm. Er übergab den Auftrag zur Entwicklung eines ergonomisch perfekt sitzenden Büstenhalters an Brücken- und Raketeningenieure. Das erste, was die feststellten, war, dass derzeit verkauften Modelle gar nicht im Sinne der Trägerinnen "funktionieren" können. "Luftbra" heißt das Resultat der Ingeniere, das unter anderem mit überkreuzten breiten Trägern erhöhten Tragekomfort bieten soll.

Das Schönste, was ein Sachbuch erreichen kann, ist, wenn der Leser so vom Thema fasziniert wird, dass er oder sie sich nach dem Lesen weitere Informationen besorgen möchte. Literaturlisten sind ein bewährtes Mittel, dies zu unterstützen. Wir gehen noch einen Schritt weiter und haben zu vielen Themen in kleinen Kästchen Suchbegriffe und/oder Webadressen aufgeführt. Die führen Sie im Internet zu vielen aktuellen Tips. Wie das geht, steht im Kapitel: Hilfsmittel Internet. Zählen Sie (noch) nicht zu den Anhängern des weltweiten Informationsnetzes, genießen Sie das Buch einfach in gewohnter Weise und betrachten die Kästchen als grafische Einlage.

Und nun viel Spaß beim Entdecken…

www

suchbegriffe
robo koneko

webadressen
metager.de

Ich bin die Tänzerin und der Träumer, der Tanz und der Traum. Meine Füße eilen über die Erde, tanzen durch den Himmel, der im Meer reflektiert.

Tanzen ist meine Art zu fliegen. Ich sehe, wie der Himmel sich in den Wellen bricht. Ich tanze. Ich fliege.

Wenn sich die Wolken unter deinen Füßen bewegen, dann fliegst du. Komm, lass dich von den Wolken umarmen.

Ich berühre den Himmel und der Himmel umgibt mich. Aber die Wolken brechen sich an der Küste und ich erkenne, dass ich mich noch immer auf der Erde befinde.

Ich bin nur ein Schatten am Strand, und fürchte, dass meine Träume jäh beendet sind, wenn die Sonne unter den Horizont sinkt.

Ich will mich bewegen können wie ein Vogel in der Luft.

2

Wir werden mehr und mehr Dinge mit einer Art Mini-Intelligenz ausstatten, mit einfachen Sensoren und Chips. Und wir werden sie miteinander vernetzen, damit unser Radiowecker mit unserer Kaffeemaschine und der Bürorechner mit unserem Navigationssystem im Auto kommunizieren kann. Gleichzeitig wird man künstliche komplexe Systeme vorsätzlich mit organischen Prinzipien füttern – einfach, um sie zum Laufen zu bringen.

Kevin Kelly

Die Annäherung von Technik und Biologie

Der Ort Dayton in Ohio ist UFO-Anhängern auf der ganzen Welt bestens bekannt. Sollen doch dort auf der größten US-Airforce-Base Wright-Patterson streng geheime Informationen und vielleicht auch Beweise außerirdischen Besuches hinter gut versperrten Türen lagern.

Wesentlich weniger spektakulär, dafür aber mit weiter reichender Bedeutung fand in Dayton im September 1960 ein Kongress statt, initiiert von einem Major der Wright Air Division. "Bionics Symposium: Living Prototypes – the Key to new Technologies" war der Titel der Veranstaltung.

Hier tauchte zum ersten Mal der Begriff Bionics auf, später vereinfacht und eingedeutscht zu Bionik. Während man heute im Deutschen Bionik meist als Kunstwort aus Biologie und Technik sieht, definierten die Wissenschaftler auf dem Kongress Bionics als Methode, "...Vorgänge und Techniken so zu realisieren, wie sie in lebenden Systemen existieren..."

www

suchbegriffe
Heinz von Foerster
Wright Patterson Airforce Base Ohio

Damit beinhaltet der deutsche Begriff Bionik eigentlich mehr, als die Wissenschaftler in Dayton in den 60er Jahren beabsichtigt hatten. Nicht nur das Lernen von der Natur ist denkbar – in vielen Bereichen bereits realisiert ist auch das Umgekehrte: die gezielte Beeinflussung der Natur durch den Menschen. Das reicht von eher harmlosen Eingriffen, wie die Züchtung von kleinwüchsigen Obstbäumen, um die Ernte zu erleichtern, von künstlich gekreuzten Sorten wie Mandarinen oder Nektarinen, bis hin zu Kampfhunden, deren Aggressivität durch Züchtung soweit verstärkt wurde, dass sie vom Menschen nicht mehr beherrschbar ist.

Eingriffe des Menschen in die Natur finden durchaus nicht erst in unserem Jahrhundert statt: Schon Christoph Columbus brachte Kartoffeln und Mais nach Europa, auf einen Erdteil, auf dem sie von der Natur nicht vorgesehen waren. Im Gegenzug gelangten Rinder, Schweine und Weizen in die neue Welt. Auch viele andere Pflanzen und Tiere landeten mit den Entdeckungsreisen der Menschen in anderen Lebensräumen und sind dort heute so angepasst, dass wir sie als einheimisch ansehen. Jeder Texaner wird beim Verzehr seines saftigen Steaks darauf bestehen, dass es aus "heimischer" Zucht stammt. Die Kartoffel steht heute gemeinsam mit Mais an dritter Stelle aller Nahrungsmittel weltweit.

Diese zweite Ausprägung des gegenseitigen Anwendens von Wissen und Erfahrung in Biologie und Technik stellt in viel größerem Maß eine Gefahr dar als die ursprüngliche Idee, Errungenschaften der Evolution, die Optimierungen bei Lebewesen, im technischen Bereich anzuwenden. Alle Eingriffe in die Natur, von Staudämmen bis zur Gentechnologie, können zum Wohl der Menschheit dienen – wenn sie maßvoll und mit Weitsicht eingesetzt werden und eben nicht als Sieg über die Natur, sondern in Harmonie mit ihr realisiert werden.

Und darin liegt die Herausforderung für Zukunft: Technik und Natur nicht als zwei getrennte Welten anzusehen, sondern bei jedem neuen Projekt, alle denkbaren Einflüsse auf den jeweils anderen Part von BIO-NIK mit einzubeziehen.

Die Frage des möglichen Missbrauches in der Anwendung der Bionik stellten sich bereits die Verantwortlichen des Symposiums in Dayton. Sie kamen zu dem Schluss, dass es generell nicht in der Verantwortung des einzelnen Wissenschaftlers liege, wie seine Forschungen angewandt werden: "Jede Menschen-Generation wird von Neuem bestimmen, ob eine Entdeckung zu ihrem Nutzen oder ihrem Schaden angewendet wird. Was Bionik angeht, werden die positiven Seiten die möglichen negativen überwiegen."

Seit dem legendären Symposium in Dayton sind vier Jahrzehnte ins Land gezogen. Wie bahnbrechend und zukunftsweisend die Gedanken waren, blieb der Allgemeinheit noch lange verborgen. Erst seit den letzten Jahren kann ein Wissenschaftler und seine Firma sich der Anerkennung sicher sein, wenn er bei seinen Neuentwicklungen auf bionische Verfahren verweisen kann.

Noch Ende der 80er Jahre war auf der ehrwürdigen Technischen Universität Wien die Vorlesung Bionik eine nicht allzu angesehene Veranstaltung. Das überschaubare Studenten-Grüppchen traf sich konspirativ im legendären Café Sperl zur Vorlesung – ein sonst für die konservative TU Wien absolut unüblicher Vorlesungsort. Die dann vom Professor geäußerten Ideen setzten dem Veranstaltungsort noch eins drauf: den Universitäts-Strömungskanal für Versuche mit Delfinen nutzen zu wollen; die wahnwitzige Idee, dass die Natur sogar Beton austricksen könne – "…Lassen Sie eine betonierte Strasse über einige Jahre in Ruhe. Sie werden sehen, dass sie irgendwann aufbricht und aus den Spalten filigrane Gräser ans Tageslicht kommen. Über die Jahre wird das Menschenwerk von der Natur komplett überwuchert werden. Gras überwindet Beton."

Heute kann sich keine Technik-Veranstaltung mehr leisten, ohne eine Bionik-Ausstellung/Vortragsreihe auszukommen. Die wohl erfolgreichste eigenständige Wanderausstellung schickte das Siemensforum auf den Weg. Seit 1984, inzwischen weiter verbessert und aktualisiert, werden hier unterschiedliche Anwendungsgebiete der Bionik leicht verständlich und sehr anschaulich dem Besucher präsentiert. Die Ausstellung wurde mit großem Erfolg an vielen Orten der Welt gezeigt.

Dass der bionische Gedanke mehr und mehr ins Bewusstsein der Allgemeinheit rutscht, zeigte auch das Leitthema der EXPO 2000 mit: "Mensch, Natur, Technik – eine neue Welt entsteht". Selbst das Fernsehen hat Bionik entdeckt: WDR und Arte waren mit Serien schon 1992 Vorreiter für die aufkeimende Denkensweise des gegenseitigen Nutzens von Natur und Technik.

www

webadressen
http://www.siemens.de/siemensforum
http://www.expo2000.de
http://www.bionik.tu-berlin.de

Die führenden klassischen Bionik-Universitäten in Deutschland sind die TU Berlin und die Saarländische Universität. Jede von ihnen ist geprägt durch einen Bionik Pionier: Berlin durch Ingo Rechenberg, der mit seiner Evolutionsstrategie Bionikgeschichte schrieb und in Saarbrücken wirkt Werner Nachtigall, der neben seiner Forschung und Lehre die Bionikidee auch in zahlreichen populärwissenschaftlich verständlichen Veröffentlichungen und Filmprojekten an die Öffentlichkeit bringt.

Studienlehrgänge, die allein Bionik zum Thema haben, haben ähnliche Erfolgsaussichten im späteren Berufsleben wie das Studium des Journalismus. Durch die Fülle der Anwendungsmöglichkeiten kann ein reiner Bionikingenieur von all den zahlreichen technischen Gebieten nur sehr oberflächliches Wissen erwerben. Bauingenieur, Architektur, Biologie, Design und Luft- und Raumfahrt sind eigene Studienlehrgänge, die sich nicht nebenbei abhandeln lassen.

Mehr Erfolg in der späteren Berufspraxis verspricht ein Neben-, Teil- oder Aufbaustudium Bionik, in dem der künftige Ingenieur mit den bionischen Ideen vertraut gemacht wird und sie dann auf sein Technik-Fachgebiet anwenden lernt. Ein Bionikstudium kann nur sinnvoll sein in Zusammenhang mit einer anderen technischen Fachrichtung.

Auch zwei Verbände befassen sich mit Bionik: die Gesellschaft für Technische Biologie und Bionik in Saarbrücken und der Bionik-Verband München. Beide versuchen mit Veranstaltungen wie Messen, Kongresse, Seminare, Symposien und Ausstellungen, Bionik publik zu machen und zu fördern.

Wenn ein Element in einer Gleichung falsch ist, dann wird die Gleichung ungültig.

Vögel fliegen.

Meine Glaubenssätze gelten nicht mehr.

Ich tanze im Angesicht der Sonne. Noch nicht ganz frei, gelange ich weiter als die Sonne, ich berühre den Himmel mit meinen Wünschen.

Die Vorstellungskraft überwindet alle Hürden.

Die Anwort lebt mit der Frage.
Wenn du die Frage stellen kannst, gibt es auch eine Antwort.

Willst Du fliegen?

Ja! Es ist mein innigster Wunsch zu fliegen.

3

Mit der Auswahl unserer Reaktion auf gegebene Umstände beeinflussen wir die Umstände. Die Art des Handelns verändert das Resultat.

Stephen R. Covey,
«The 7 habits of highly effective people»

Wo ist Bionik anwendbar?

Bionik ist kein eigenständiger Fachbereich, sondern eine wissenschaftliche Methode. Bionik ist der Versuch, über den eigenen Tellerrand hinauszusehen und Lösungen, die bereits in anderen Bereichen existieren, im speziellen in der Natur, auf das vorliegende Problem anzuwenden. Und das betrifft praktische alle Gebiete:

- Bewegungssteuerung in der Luft und am Boden
- Navigation
- Kommunikation
- Material
- Struktur
- Design
- Optimierung und Anpassung
- Verfahren
- Denken, Rationales Handeln (Neuronale Netze)

Kernstück der Anwendungsgebiete der Bionik ist in vielen Aufzählungen die Luftfahrt. Kunststück. Sind Leonardo da Vinci mit seinen Hubschrauber- und Fallschirm-Konstruktionszeichnungen und Otto Lilienthal mit seinen Vogelflugstudien doch Paradebeispiele für angewandte Bionik in der Historie. Vom Abgucken – wie und warum Vögel fliegen – haben sich die ersten dreidimensionalen Fortbewegungsversuche des Menschen entwickelt.

Allerdings macht es wenig Sinn, es nur auf Flugzeuge anzuwenden, wenn Wissenschaftler die gerillte Hautstruktur eines Hais nachbilden, um dadurch den Widerstand eines Materials zu minimieren. Auch für Schiffsoberflächen, menschliche Bekleidung und viele andere Bereiche wird diese Entwicklung über kurz oder lang Vorteile bringen. Genauso wie die Idee der vom Lotusblatt abperlenden Flüssigkeit vom Flugzeug bis zum Honiglöffel gewinnbringend eingesetzt werden kann. Wir haben daher die Kapitel dieses Buches nicht nach technischen Anwendungsgebieten gewählt, sondern nach "Funktionsgruppen" wie Bewegung oder Form. Siehe oben.

Der deutsche Bionik-Guru Werner Nachtigall ist Professor an der Universität des Saarlandes. An ihm und seinen Forschungen kommt keiner vorbei, der sich ernsthaft mit Bionik befasst. Viele der heute gängigen Definitionen und Klassifizierungen stammen von Werner Nachtigall. Seine

Einteilung der zwölf Teilgebiete der Bionik möchten wir Ihnen daher nicht vorenthalten. In den Klammern sind jeweils Beispiele für den Bionikzweig aufgeführt:

- Die klassischen Beispiele (da Vincis Vogelflug)
- Strukturbionik (neue Materialien, ungewöhnliche Formen)
- Baubionik (natürliche Leichtbaukonstruktionen)
- Klimabionik (passive Lüftung, Kühlung und Heizung)
- Konstruktionsbionik (Klettverschluss eines Wurmes)
- Bewegungsbionik (Laufen, Schwimmen, Fliegen...)
- Gerätebionik
- Anthropobionik
- Sensorbionik
- Neurobionik
- Verfahrensbionik
- Evolutionsbionik

www

webadressen
http://www.bionik.tu-berlin.de

Bionik-Institute in Universitäten, die das Gesamtgebiet aller bionischen Anwendungen umfassen, wird es vermutlich auch in Zukunft nur wenige geben. Ein reines Bionikstudium müsste, wenn es einen guten Start für den späteren Einsatz in der Industrie bieten soll, Fachwissen auf vielen Gebieten voraussetzen. Bionik ist, wie bereits bekannt, selbst keine eigene Technik, sondern ein Verfahren für (alle) Technikfachrichtungen, eine Art zu forschen. Deshalb wird der breite Erfolg der Bionik darin liegen, sich als Forschungsansatz für viele, im Idealfall alle, technischen Fächer zu etablieren.

Heute befassen sich die wenigen universitären Bionik-Institute jeweils mit einem Spezialgebiet. An der Technischen Universität Berlin etwa heißt das Fachgebiet: Bionik und Evolutionsforschung. Die biologienahe Methode der Evolutionsstrategie (entwickelt von Bionik-Pionier Ingo Rechenberg) ist einer der Eckpfeiler beim Versuch, Bionik als wissenschaftliche Methode zu etablieren.

Der Beste setzt sich durch. Was kurzfristig im täglichen Leben nicht immer der Fall zu sein scheint, hat sich über Jahrmillionen als Entwicklungsstrategie etabliert. Wenn eine Tierart bei der Nahrungssuche auf eine besonders gute Nase angewiesen ist, werden Tiere mit gut ausgebildeten Riechsensoren leichter und effizienter an ihr tägliches Futter gelangen, als ihre mittelmäßig ausgerüsteten Kollegen. Wenn es darum geht, sich durch Farbe, Muster oder Gestalt möglichst gut der Umgebung anzupassen, um nicht selbst gefressen zu werden, haben Lebewesen mit der optimalen Anpassung die besten Chancen auf ein langes Leben.

Wie nun die Optimierungen der Natur funktionieren, damit befasst sich die Evolutionsstrategie '94 von Ingo Rechenberg. Bloße Imitation der Natur führt nicht weit; das erkannten die Forscher sehr schnell. Deshalb verlegten sie sich auf die Frage, mit welchen Mitteln und Gesetzen die Evolution gelernt hat, sich weiter zu entwickeln. Fachmännisch, ausgedrückt sucht man also nach Algorithmen (Formeln), die die Optimierung der Natur mathematisch beschreibbar und praktisch anwendbar machen.

Unter Strategie versteht man ein Vorgehen nach Plan, um ein Ziel zu erreichen. Evolution hingegen war zu Zeiten von Charles Darwin durch die zufallsbedingte Entwicklung der Lebewesen gekennzeichnet. Bringt man beides – Plan und Zufall – zusammen als Evolutionsstrategie, so sieht das Ergebnis auf den ersten Blick aus wie eine Mischung aus Wasser und Feuer. Mit ein bisschen Mathematik als Zusatz entsteht jedoch eine anwendbare Mixtur. Denn auch das Überleben des am besten Angepassten ist ein Prozess, der sich selbst organisiert.

Evolutions-Strategien (ES) ahmen evolutionäre Mechanismen unter Berücksichtigung ihrer funktionellen Zweckmäßigkeit nach. Sie zählen damit zu den Hilfsmitteln bionischer Methoden.

Für welche Gebiete ist nun die bionische Methode der Evolutionsstrategie anwendbar? Oder sollten wir besser fragen: Wo können wir sie nicht einsetzen? Denn: Mit ES lassen sich neuronale Netze trainieren, Brücken planen und Strömungsversuche im Windkanal optimieren. Und vieles mehr. Bei allem, wonach wir nach Verbesserung suchen, geht es um Optimierung. Und da hat uns die Natur die Trumpfkarte der Evolutionsstrategie geliefert.

Eins zu eins übertragen läßt sich die biologische Evolution auf ein technisches System nicht. Dies wäre nur dann möglich und sinnvoll, wenn alle Randbedingungen identisch wären. Schon das Material aus der Natur und das «vom Menschen nachgebildete» sind nie gleich. Auch möchte man meist nur einige Funktionalitäten abschauen und nicht eine 1:1 Reproduktion herstellen. Selbst Lilienthal wollte keinen selbstfliegenden Vogel bauen, sondern ein Fluggerät für einen Menschen nach Art der Vogelflugweise. Die Evolution hat aber die Gesamtfunktion des Organismus optimiert, wobei sie für Teilfunktionen vermutlich Kompromisse vorsieht.

Bionik kann unterstützen und bei der Hilfe zur optimalen technischen Lösung entscheidend beitragen. Wer sich von der Natur die optimale Vorgabe erwartet, die er ohne Verständnis der Funktionalität bloß abzukupfern braucht, wird Schiffbruch erleiden.

Vielmehr sind bionische Vorgehensweisen als Ansatzpunkt und Hilfsmittel zu sehen, die eine Weiterentwicklung und Anpassung der Idee unter vorgegebenen technischen Vorgaben bieten. Nicht das sture Kopieren der Natur führt zum gewünschten Ziel. Die Optimierung der Natur als Basis für weiter reichende Forschung zu sehen – darin liegt der Wert und das große Potential der Bionik für unsere Zukunft.

Die einzige Voraussetzung ist der unbedingte Wunsch zu fliegen.
Das Verlangen. Die Sehnsucht und der Wille.

Wer bin ich? Fliege ich bereits? Mein Innerstes hat bereits abgehoben und die Erde hinter sich gelassen.

Vögel können fliegen. Ich will fliegen wie sie.

Vögel haben Flügel. Die Tänzerin hat Flügel, Vögel fliegen. Die Tänzerin
hebt ab. Ihre beharrlichen Fragen führen zu den Anworten, während sie
sucht.

Glaubenssätze wirken nur für den, der an sie glaubt. Ihre Funktion beruht
auf Glauben, nicht auf Tatsachen.

Ich tanze am Horizont. Ich bin der Träumer, die Tänzerin und der
Tanz. Und ich werde fliegen.

Als die Tänzerin mit ihren Träumen verschmilzt, wirft sie alte Fesseln ab
und merkt, dass es die Fesseln nie wirklich gab. Die Herrschaft über die
Dinge liegt in der Selbstbeherrschung. Jedes Individuum kann über sich
selbst verfügen und kann daher über die ganze Welt gebieten, gemeinsam mit anderen Individuen. Die Beziehung zu anderen ist kein
Schraubstock, sie ist eine Chance.

Die Tänzerin erlangt Kontrolle über ihre Wünsche, in dem sie eins mit
ihnen wird. Wunsch und Persönlichkeit verschmelzen. Zu einer Einheit.

Ich bin nicht frei, ich bin die Freiheit. Ich fliege nicht nur, ich bin die
Realisation des Fliegens.

Die Tänzerin ist eine neue Persönlichkeit ohne Fesseln, die sie von ihren
Träumen abhalten.

Ich erinnere mich, dass ich die Wolken berühren musste, um zu
fühlen. Oder musste ich fühlen, um sie zu berühren? Was habe ich
verloren? Nur Bindungen und Fesseln.

4

«Alljährlich, wenn der Frühling kommt und die Luft sich wieder bevölkert mit unzähligen frohen Geschöpfen, wenn die Störche, zu ihren alten nordischen Wohnsitzen zurückgekehrt, ihren stattlichen Flugapparat, der sie schon viele Tausende von Meilen weit getragen, zusammenfalten, den Kopf auf den Rücken legen und durch ein Freudengeklapper ihre Ankunft anzeigen, wenn die Schwalben ihren Einzug gehalten, und wieder in segelndem Fluge Straßen auf und ab mit glattem Flügelschlag an unseren Fenstern vorbei eilen, wenn die Lerche als Punkt im Äther steht und mit lautem Jubelgesang ihre Freude am Dasein verkündet – dann ergreift auch den Menschen eine gewisse Sehnsucht, sich hinauf zu schwingen und frei wie der Vogel über lachende Gefilde, schattige Wälder und spiegelnde Seen dahin zu gleiten und die Landschaft so voll und ganz zu genießen, wie es sonst nur der Vogel vermag.»

Otto Lilienthal (1848–1896)

Vorbild Vogelflug – die dritte Dimension

«Unsere ersten Flügel waren zwei Meter lange und einen Meter breite Flächen aus dünnen Buchenspahnbrettchen, mit Riemen an den Unterseiten, durch welche die Arme gesteckt wurden. Wir beabsichtigten, eine Anhöhe herunter laufend, wie der Storch gegen den Wind damit aufzufliegen.» *

Die angenehm duftende Speise bringt den Appetit. Das Verlangen, etwas zu besitzen oder zu vermögen ist die wirkungsvollste Motivation, dies auch zu erreichen. Von Luftsprüngen abgesehen, waren Menschen von jeher dazu verurteilt, ihr Leben mehr oder minder zweidimensional entlang der Erdoberfläche zu verbringen. Die unterschiedlichsten Vogelarten hingegen erhoben sich vor des Menschen Nase problemlos in die Lüfte und die Kreatur, die sich als Inbegriff der Schöpfung sieht, hatte das Nachsehen.

Grundstein für die (viel) späteren Abhebversuche der westlichen Welt legten die Chinesen. Sie ließen 1000 Jahre vor unserer Zeitrechnung bereits Drachen steigen, erfanden das Schießpulver (900 n. Chr.) und die Rakete (1100 n. Chr.). Die Drachen waren anfangs unbemannt, stellten aber bereits eine Art Tragfläche dar. Es dauerte jedoch nicht lang, da sah das Militär einen Vorteil darin, den Feind aus der Luft auszuspionieren und damit hingen zum ersten Mal Menschen unter den Drachen.

Pure Nachahmung kennzeichnete vielfach die ersten Versuche vor Jahrhunderten bis vor wenigen Jahrzehnten, die Fähigkeiten der Natur auf den Menschen zu übertragen. Im speziellen, was die Eigenschaft betrifft, sich in die Luft zu erheben. Diese 1:1 Abguck-Versuche entsprechen zwar nicht der Idee der Bionik. Da die Tragweite der ersten Flugversuche allerdings bis in die heutige Zeit reicht, ist dieses Kapitel eher als historische Entwicklung zur Bionik zu sehen.

«Das harte Palisanderholz zu bearbeiten war keine Kleinigkeit. Die Leisten wurden zugespitzt und abgerundet und bildeten gleichsam die Federkiele zweier Flügel von drei Meter Länge. Die Fahnen zu diesen Federkielen stellten wir durch aneinandergereihte große Gänseschwungfedern her, die auf Zeugstreifen genäht wurden. Wir hatten zu diesem Zweck alle in unserem Ort vorhandenen Federn aufgekauft, was in einer pommerschen Stadt schon etwas bedeutet. Das Aufnähen der Federn war sehr mühsam und anstrengend für die Finger und mancher Blutspritzer zeugte von den durchgenähten Fingerspitzen.»

Heerscharen von fliegenden Insekten haben den Menschen nie inspiriert, es ihnen gleich zu tun. Vermutlich waren sie aus menschlicher Sicht zu klein und unbedeutend, um von ihnen zu lernen. Auch andere Kreaturen wie Fledermäuse, Flugfische oder fliegende Eichkätzchen, die nicht zu den Super-Flugtieren zählen, waren kein Vorbild für Menschen in ihrem Wunsch zu fliegen.

In Sagen und Mythen allerdings war die dritte Dimension durchaus zu Hause. So kannten bereits die Ägypter fliegende Götter, die Assyrer glaubten an fliegende Stiere; griechische Götter wiederum flogen in Triumphwagen, die sich mit Schaufelrädern vorwärts bewegten. Christliche Engel bauen auf ihre Federflügel – stark an Vogelschwingen angelehnt.

Daedalus und sein Sohn Ikarus gingen in die Literaturgeschichte ein, als sie sich den Vögel entsprechend, in die Lüfte schwingen wollten. Man vermutet, dass hinter der Mär erste reale Flugversuche stecken. Daedalus wollte von Kreta fliehen: «Mag mich (König) Minos von Land und Wasser aussperren, so bleibt mir doch die Luft offen». Er fing an, «Vogelfedern von verschiedener Größe so in Ordnung zu legen, dass er mit der kleinsten begann und zu der kürzesten stets eine längere fügte, sodass man glauben konnte, sie seien von selbst aufsteigend gewachsen. Diese Fäden verknüpfte er in der Mitte mit Leinenfäden, unten mit Wachs.» Bekannterweise ignorierte Ikarus die Warnung seines Vaters, mit dem Federkleid zu hoch zu fliegen. In der Sonne schmolz das Wachs, das die Federn zusammenhielt, worauf Ikarus ins Meer stürzte. Der Sage nach soll Daedalus es bis ans sichere Land – Sizilien – geschafft haben.

Auch der englische König Bladud, Vater von König Lear, soll mit nachgemachten Vogelflügeln bei seinem Flug über London, zu Tode gestürzt sein (852 v. Chr.). Die 1:1 Nachahmungstaktik des Vogelfluges hatte sich nicht bewährt.

Welche natürlichen Vorbilder Pfeile und Bumerang hatten, ist heute nicht mehr nachvollziehbar. Pfeile sind wirkungsvolle aerodynamische Körper, die vielen Naturvölkern in unterschiedlichen Gebieten der Erde bekannt waren. Der Bumerang stellt aus aerodynamischer Sicht einen ausgefeilten Flugkörper dar, ein rotierendes Gleitflugzeug, das mit viel Energie seinen Flugweg startet und zu seinem Startort zurückkehrt, falls es sein Ziel verfehlt.

* Alle Zitate stammen aus dem Essay «Die Entwicklung» von Gustav Lilienthal, dem Bruder des berühmten Flugpioniers. Er beschreibt darin die ersten Schritte der beiden, sich den Vögeln gleich in die Luft zu erheben. Die hier zitierten Versuche mit den Flugmaschinen II und III (bis etwa 1874) scheiterten kläglich. Sie waren jedoch die Vorläufer der erfolgreichen Flüge Otto Lilienthals 1891–1896.

Die Aerodynamik, die hinter dem Bumerang steckt, ist so kompliziert, dass es schwer vorstellbar ist, wie primitive Völker sie entdecken konnten.

«Die Flügel waren an zwei Bügeln befestigt, von denen der eine um die Brust, der andere um die Hüften geschnallt wurde. Ein Winkelhebel und steilbügelartige Seilzüge gestatteten durch Ausstoßen der Beine die Flügel auf- und niederzuschlagen. Die Federfahnen konnten sich ventilartig öffnen und schließen beim Auf- und Niederschlag.»

Das geheimnisvolle Lächeln der Mona Lisa assoziieren wohl die meisten mit dem Namen Leonardo da Vinci (1452 – 1519). Doch das Universalgenie brillierte auf praktisch allen Gebieten der Naturwissenschaften und fand Erkenntnisse, die ihrer Zeit weit voraus waren. So schlummerte Leonardos Zeichnung eines Fallschirms bis zum Ende des 19. Jahrhunderts in der Versenkung. Erst nachdem vier Jahrhunderte später unabhängig von da Vincis Ideen die ersten Fallschirme wagemutigen Akrobaten auf Schaustellungen zu Anerkennung verhalfen, tauchte die Konstruktion des Renaissancewissenschaftlers wieder auf.

Da Vinci war ein genauer Beobachter. Er konnte zeichnen, konstruieren, und nahm sich alles, was er betrachten und zerlegen konnte, zum Vorbild für seine naturwissenschaftlichen Studien. Was ihn interessierte, war die Funktionalität der Teile. Weniger die genaue Nachahmung lag in seinem Sinn, viel mehr ging es in seiner Forschung um das Verständnis des Warum und Wieso. Damit wurde der Allroundkünstler zum ersten bekannten Anwender bionischer Techniken.

Das Sezieren von menschlichen Leichen war für da Vinci die beste Quelle, «den Menschen in seinem Bau und seinen geistigen Funktionen zu behandeln». Die Funktionen der Organe und Muskeln hatten es ihm angetan. Im speziellen das Herz und der Blutkreislauf. Leonardo baute anhand seiner Studien zunächst ein Wachsmodell der linken Herzkammer mit einem Stück Aorta und später eine Prothese einer Aortenklappe aus Glas.

«Das unangenehme Herabfallen beim Aufschlagen der Flügel wollten wir dadurch beseitigen, dass zwei große und vier entsprechend kleinere Flügel sich abwechselnd bewegen sollten und zwar so, dass, wenn die einen aufwärts, die anderen gleichzeitig abwärts schlugen. Anstatt der teuren Federn wurden zwischen die einzelnen Ruten ventilartige Klappen aus Schirting mit aufgenähten Weidenrutenspitzen verwendet.»

Da Vinci konstruierte Taucheranzüge mit Panzerblechringen gegen den Wasserdruck und ein modern anmutendes Atemgerät: einen Korkschwimmer mit Luftschläuchen. Verstärkte Rohre führen dabei zu einer Ventilkonstruktion, die Luftzufuhr und Ableitung der verbrauchten Luft regelt. Auch ein U-Boot lag in des Meisters gedanklicher Reichweite. Er ersann «ein Schiff zum Versenken eines anderen Schiffes» für die defensive Kriegsführung. Der Rumpf läßt dabei gerade genug Platz für einen Menschen in Kauerstellung. Darüber liegt ein Kommandoturm mit verschließbarem Deckel.

Doch zurück zum Fliegen. Leonardo ging davon aus, die Muskelkraft des Menschen müsste genügen, wie ein Vogel abzuheben. Zunächst baute er in purer Nachahmung ein Schwingenflugzeug (Ornithopter) mit beweglichen Flügeln. Der Pilot liegt dabei in einem Gestell auf dem Bauch, die Füße in Steigbügeln. Mit den Händen kann er die Flügel über einen Hebel nach oben bewegen. Das Senken der Flügel geschieht mit beiden Füßen gleichzeitig.

Während obige Konstruktion keine realen Nachahmer fand, legten spätere Entwürfe die Basis für Otto Lilienthal's Gleiter (um 1895). Da Vinci kam davon ab, die gesamte Flügelfläche zu bewegen. Nur die Funktionalität der Vogelbewegung sollte künftig Ziel der Entwürfe sein – realisiert, indem nur mehr der äußere Teil der Tragfläche bewegbar ist (Semi-Ornithopter).

«Der Apparat pendelte zurück und nahm dann vermöge der Schrägstellung der federartigen Ventilklappen einen zweiten und dritten Anlauf, bis die treibende Feder abgelaufen war. Durch diesen Versuch wurden wir zum ersten Mal auf die Wichtigkeit der Schwerpunktfrage aufmerksam.»

Den Aufbau einer Vogelschwinge vor Augen, schloss da Vinci, dass die innere Hälfte des Flügels sich langsamer bewegt als der äußere Teil und somit mehr zum Auftrieb als zur Vorwärtsbewegung dient. Somit kann der Pilot gezielt seine gesamte Muskelkraft dort einsetzen, wo sie am meisten bewirkt – im äußeren, beweglichen Teil der Flügelnachbildung. An modernen Flugzeugen finden sich diese (mechanisch oder elektronisch) steuerbaren Tragflächenteile als sogenannte Querruder wieder.

Dass er genaue Vorstellung davon hatte, wie seine Konstruktionen funktionieren sollten, zeigt unter anderem folgende Bemerkung zu einer Skizze eines Gleit-Flugzeuges: «Der Mann wird sich zur rechten Seite hin bewegen, wenn er den rechten Arm bewegt und den linken Arm streckt, und er wird sich dann von rechts nach links bewegen, wenn er die Streckung der Arme wechselt.« Das Prinzip des gesteuerten Gleitfluges für den menschlichen Körper, wie oben um 1500 beschrieben, wird heute von Drachenfliegern (Hängegleiter) angewendet.

Zwei weitere bahnbrechende Erfindungen da Vincis für die Fliegerei wollen wir Ihnen nicht vorenthalten. Zum einen die Konstruktion eines Neigungsmessers. Das Instrument, das die Neigung des Flugzeugs gegenüber dem Horizont zeigt, wird in heute üblichen Flugzeugen als Künstlicher Horizont bezeichnet. Leonardos Neigungsmesser besteht aus einem Gestell mit Pendel, das im Flieger angebracht werden sollte.

Anerkennung verdient auch der erste Flugapparat mit Steuermechanismus. Über ein Gestell am Kopf wird ein kombiniertes Höhen- und Seitenruder bewegt. Dieser kreuzförmige Steuerungsmechanismus war seiner Zeit weit voraus – erst 1799 griff Sir George Cayley die Idee auf. Sir Cayley formulierte auf der Basis von da Vincis Konstruktionen auch das Prinzip des aerodynamischen Auftriebs und seine Maßnahmen zur aerodynamischen Stabilisierung. Hatte doch der pyramidenförmige da-Vinci-Fallschirm bereits eine Verbindung zwischen der Spitze des Fallschirms und dem unteren Ende der Fangleine – eine bedeutende Voraussetzung für die Stabilität dieses Fluggerätes.

Auch Hubschrauber waren dem Genie nicht fremd. Eine spiralförmige Luftschraube sollte Leonardos Senkrechtstarter direkt nach oben befördern: «Wenn dieses Instrument in Schraubenform gut gemacht ist, also aus Leinentuch, und seine Poren mit Kleister verstopft sind, und wenn man es dazu bringt, sich schnell zu drehen, wird diese Schraube in der Luft als Flügel wirken und sehr hoch steigen.«

«Zunächst legten wir das Modell eines Schwingenfliegers auf den Kiel. Die Schwungfedern bestanden aus einer Weidenrutenrippe mit schmaler Vorder- und breiter Hinterfahne. Die breite Fahne hatten wir uns aus wellenförmig gepresstem Papier hergestellt, welches in einer Gummilösung eingeweicht worden war. Das Ganze hatte die Größe eines Storches. Der Auftrieb sollte durch einen leichten Motor bewirkt werden.»

Jeder Pilot ist mit seinem Flugzeug den Gesetzen der Aerodynamik unterworfen – obwohl die Pioniere der Flugzeugbauer noch kaum Ahnung hatten, warum ihre Konstruktion einen Menschen in der Luft befördern konnte. Auch bei Ballonen waren zahlreiche unterschiedliche Ansätze notwendig, bis das Erhitzen von Luft und später von einem Gas leichter als Luft – Helium – zu erfolgreichen Ballonfahrten führten. Aber der Mensch kann auch ohne Hilfsmittel wie Holz oder Metall fliegen. Nur mit dem eigenen Körper. Vielleicht wäre allerdings «sich gezielt in der Luft bewegen» der richtigere Ausdruck – denn zur gewünschten Horizontalbewegung, gesteuert allein mit dem menschlichen Körper, kommt immer auch die senkrechte Komponente nach unten. «Mit dem Körper fliegen» entspricht eigentlich einem gesteuerten Fallen.

Der Traum vom «Fliegen wie ein Vogel» kam aus der Versenkung wieder ans Tageslicht, als um 1950 das zivile Fallschirmspringen an der amerikanischen Westküste startete. Schon bald versuchten die Springer, vor dem Öffnen des Schirmes, im freien Fall ihre Körper gezielt auf einander zu zu bewegen. Das ist gar nicht so einfach. Wenn man die Arme ausstreckt, weil man den Partner in der Luft berühren möchte, spielt die Physik einen Streich. Statt näher an das begehrte Objekt zu kommen, fliegt man rückwärts. Actio est Reactio nannte Newton dieses Naturgesetz.

Vogelflugstudien traten in diesen spannenden Anfängen der Springerei ins Interesse der jungen Sportler. Wie leiten Vögel Drehungen ein, welche Haltung nehmen sie ein, wenn sie steigen oder schneller sinken möchten? "Die Möwe Jonathan" von Erfolgsautor Richard Bach wird zum Kultbuch der ersten Freifaller.

Jede Körperbewegung im freien Fall ist eine Bewegung im Raum. Jede noch so kleine Asymmetrie triggert eine Bewegung. Erst nach der Öffnung des Fallschirms gelten wieder aerodynamische Verhältnisse, wie sie bereits die Flugpioniere mit ihren unterschiedlichen Tragflächen entdeckten.

> *«Otto, im Dampfmaschinenbau erfahren, ersann das Dampfkessel-Schlangenrohrsystem. Die Maschine hatte einen Hoch- und Niederdruckzylinder, ersteren für den Niederschlag, letzteren für den Aufschlag der Flügel. Beim ersten Probeanlauf wurden die beiden Flügel gebrochen. Dem verstärkten Luftwiderstand der Schlagbewegung waren die Flügel nicht gewachsen.»*

Während Freifaller Fallschirme heute primär dazu einsetzen, das Leben des Springers nach dem „Fliegen" zu retten und ihn sicher zur Erde zu geleiten, hatten die ersten Absprünge die Befriedigung der Schaulust einer gaffenden Menge als Ziel.

Eine Zeichnung mit Elfen, die an Disteldolden hängen (Astra Castra 1865) und die Distelflug-Beschreibungen des amerikanischen Ballonfahrers

John Wise über «Vegetarische Fallschirme als Lastenträger» (1851) legen nahe, dass auch Fallschirme ihre Vorbilder in der Natur hatten. So wie der Vogelflug das Fliegen inspirierte, beflügelten wohl auch im Wind treibende Samen und Blütenpollen die Phantasie des Menschen.

André-Jacques Garnerin's Gedanken kreisten um die Idee, aus seinem Gefängnis in Buda (Stadtteil von Budapest) zu entfliehen. Mit Blick auf die Donau überlegte er jahrelang, wie er mit einem Fallschirm die Gefängnismauer überwinden könnte. Er wurde jedoch entlassen, bevor er sein Vorhaben in die Tat umsetzen konnte. In Freiheit konstruierte er in Paris einen militärischen Beobachtungsballon mit Fallschirm.

www

suchbegriffe
da vinci
lilienthal

Am 22. Oktober 1797 war Garnerin der erste Mensch, der vor einer schaulustigen Menschenmenge aus rund 1500 Meter aus einem Ballon der Erde entgegen stürzte. Während das Vorbild aus der Natur – die Disteldolden – aus vielen einzelnen Stielen bestehen, deren vorbei strömende Luft dem Gesamtgebilde Stabilität bringt, hatte Garnerins Stoffhalbkugel keine Öffnung in der Apsis. Pilot und Fallschirm oszillierten wild. Die Pendelbewegungen führten zu Übelkeit des Piloten und des gaffenden Publikums.

Bis zum ersten Weltkrieg hatten Fallschirmabsprünge Jahrmarktcharakter und wurden von wenigen wagemutigen Männern und Frauen unter großer Begeisterung der Menge durchgeführt.

«Wir hatten, um ein Verhalten des Apparates im Winde zu studieren, Drachen in Vogelform gebaut. Die Flächen der Flügel waren nach oben gewölbt, um den Vogel getreu nachzuahmen... Die Albatrosse haben genau die Form unserer Drachen, nur sind die Flügel noch schmaler.»

Die Realisation eines Traumes

1000 v. Chr.	erste Drachen (China)
1100	erste Raketen (China)
1325	erstes Hubschrauberspielzeug (Belgien)
1483 – 86	da Vinci entwirft Fallschirme
1485 –1500	da Vinci entwirft Ornithopter
1495 – 97	da Vinci entwirft das erste Motorflugzeug der Geschichte
1589	erste Drachen in Europa
1754	angeblich Erstflug eines Hubschraubermodells von Lomonosov (Russland)
1783	erste Luftfahrt eines Menschen (de Rozier und d´Arlandes in einer Montgolfiere in Paris
1797	erster Fallschirmabsprung eines Menschen (Garnerin)
1809 –1810	Cayley veröffentlicht eine Abhandlung, die lange Zeit Grundlage für die Aerodynamik bleibt
1811	Berblinger versucht sein Glück in Ulm mit einem Ornithopter
1852	Erstflug eines Luftschiffs (Giffard) betrieben von einer Dampfmaschine, erste Luftaufnahme aus einem Fesselballon über Paris (Nadar)
1863	Jules Vernes veröffentlicht "Fünf Wochen im Ballon"
1865	erster Entwurf für ein Jetflugzeug (de Louvrié)
1868	erste Luftfahrtausstellung (in London).
1885	erstes benzingetriebene Auto (Benz)
1889	Lilienthal veröffentlicht sein Lehrbuch "Der Vogelflug als Grundlage der Fliegekunst"
1895	erste Segelflüge mit Lilienthals Doppeldecker-Gleiter
1896	Lilienthal stürzt ab.
1900	erste Zeppelinversuchsflüge
1903	die ersten motorgetriebenen und kontrollierten Flüge der Gebrüder Wright (vier Flüge von 12–59 Sekunden)
1908	Ellehammer absolviert den ersten Flug in Europa
1909	erste Luftaufnahmen aus einem Flugzeug
1919	Junkers erfindet Klappen an den Tragflächen (Flaps)
1927	Lindbergh überquert den Atlantik (von New York nach Paris)
1937	Zeppelin Hindenburg geht in Flammen auf.
1939	Erstflug einer Verkehrsmaschine mit Druckkabine (Boeing 307)
1945	Aufnahme regelmäßiger Passagierflüge über den Atlantik

Wie kann ich die Welt erobern, in der ich lebe?
Kann ich aus meiner Perspektive noch immer die Leute
berühren, an denen mir was liegt?
Kann ich noch immer ein Teil von ihnen sein?

Ich lerne, meinen Geist über Raum und Zeit zu bewegen. Kommunikation, Verständnis, Beziehung – wie kann
ich sie erlangen?

Ich finde sie, indem ich neugierig bin. Ich finde sie, in
dem ich mich verwirkliche.

**Manche Sekunden dauern Stunden. Manche Stunden ver-
gehen in Sekunden. Welche Wirkung manche
Sekundenbruchteile haben können.**

Jedes Ding besteht aus vielen Einzelteilen und ich sehe
nur die Veränderungen, auf die ich mich konzentriere?
Ich bewirke die Veränderungen. Ich bin der Moment,
während ich ihn erlebe.

Wenn ich jetzt wieder zurück an den Anfang gehe, wäre
es ein neuer Anfang, weil ich mich verändert habe. Ich
bin noch immer ich selbst, aber durch meine Veränderung
hat sich die Welt für mich verändert.

5

«Optimieren heisst zielstrebig Berggipfel erklimmen.»

Ingo Rechenberg

Vorbild Evolution – ein Werkzeug der Bionik

Wer als erster beim Wettrennen die Ziellinie überquert, lässt sich einwandfrei messen. Wenn wir aber herausfinden möchten, warum der eine schneller war als der andere, mit welcher Strategie und welchen Hilfsmitteln er seinen Sieg geschafft hat, helfen die Zeitmessungen eines einzelnen Läufers wenig. Erst der Wettbewerb unterschiedlicher Strategien bringt das optimale Ergebnis.

www

suchbegriffe
Darwin evolution
optim* strateg*

webadressen
www.talkorigins.org/origins

Beim Optimieren, also den größten oder kleinsten Wert unter den vorhandenen Bedingungen zu finden, denkt man zunächst an Mathematik. Die Übertragung des Problems in Formeln stößt aber sehr schnell an Grenzen, wenn es etwas komplexer wird. Alle Möglichkeiten, die im Leben realisierbar sind, entsprechen dann zu vielen Parametern. Die Rechenzeiten des Computers können bei einer hohen Zahl von Ausgangsdaten mit einem komplizierten Modell Tage oder Wochen in Anspruch nehmen. Also müssen wir das Modell vereinfachen. Das bedeutet, Parameter wegzulassen oder ihren Bereich einschränken. Nur, wie weit können wir dabei gehen, wenn das Modell trotzdem der Wirklichkeit entsprechen soll?

Also versucht man, von der Natur zu lernen, schließlich musste sich deren Strategie bereits seit Jahrmillionen beweisen. Während bei maschinell hergestellten Dingen millimetergenaue "Gleichheit" gefordert ist – auch das 101te Döschen soll die gleichen Außmasse haben wie das erste – ist bei Lebewesen die Toleranz größer. Wenn sich etwas längere Beine besser eignen, um in der Wildnis schneller voranzukommen, dann werden sich – über Generationen gesehen – Nachkommen mit längeren Beinen besser im Kampf ums tägliche Überlebens durchsetzen können. "Survival of the Fittest" nannte Charles Darwin* (1809–1882) seine Evolutionstheorie über die Entstehung von neuen Arten durch natürliche Auslese.

Dass die Natur nicht nur gut angepasst ist an vorhandene Bedingungen, sondern in vielen Fällen sogar optimale Werte erreicht hat, weiß man inzwischen. Und auch, dass die Natur dies nicht per Zufall erreicht haben kann. Dazu war einfach die Zeit nicht lang genug.

Die kleinste lebensfähige Einheit im menschlichen Körper stellt eine Zelle dar. Jede der Millionen Zellen, aus denen der Mensch besteht, enthält einen Zellkern, in dem sich die genetische Information für Wachstum und

---

* Charles Darwin: „On the Origin of Species by Means of Natural Selection".

Vermehrung befindet und zwar als sogenannte DNA (Desoxyribonuclein-säure). Jeder DNA-Strang enthält 50000 bis 100000 Gene (Erbanlagen). Jedes Gen wiederum setzt sich aus 200 bis 10000 Bausteinen zusammen, die etwa die Haarfarbe oder die Veranlagung für eine bestimmte Krankheit beinhalten. Obwohl sich die Grundbausteine nur aus 20 unterschiedlichen Aminosäuren zusammensetzen, hätten bei zufälliger Auswahl rund 10 hoch 19500000 Zusammensetzungen der Erbinformation (Genotypen) getestet werden müssen. Und das seit Entstehung der Erde, also in 10 hoch 17 Sekunden. Allein per Würfel können die optimierten Werte in der Natur nicht entstanden sein.

Was liegt daher näher, als nach der Strategie der Natur zu fragen und sie bereichsübergreifend anzuwenden?

Die Natur optimiert durch Versuch und Irrtum, konventionelle technische Konstruktionen entstehen zielgerichtet – so einfach sah die Welt noch vor wenigen Jahren aus. Wollen wir hier eine Verbindung knüpfen, sollten wir uns ansehen, wie die Natur Entwicklung und Fortschritt erzielt.

www

suchbegriffe
DNA databases
Genbank
Protein databases
Flybase
Drosophila
Human Genome Mapping Project
Mouse Genom Centre
Blue Gene IBM

Bei der natürlichen Evolution legen Mutation, Selektion und Reproduktion (Paarung) die Eigenschaften der Erbinformation fest. Nachkommen können entweder identische Abbilder ihrer Eltern oder ihres Elternteils sein (etwa Bakterien), oder sie können Veränderungen gegenüber ihrer Vorgängergeneration aufweisen. Dann kommt Mutation ins Spiel. Mutation ist Voraussetzung für eine Entwicklung und damit für die Evolution. Wird stets das Gleiche reproduziert, gibt es keinen Fortschritt.

Die natürliche Auswahl (Selektion) entspricht dem Durchsetzen des Besten in der jeweiligen Situation: sei es der Tanzpartner in der Disco oder die Wahl des Flussbettes mit dem geringsten Widerstand fürs Wasser.

Der erste höhere kernhaltige Organismus, dessen Genom vollständig entziffert wurde, war die Bäckerhefe Saccharomyces cerevisiae. Danach kam der Fadenwurm, die Fruchtfliege (Drosophila Hopscotch), deren Code in der Flybase im Internet verfügbar ist, und seit Oktober 1999 ist die Maus im Visier der Forscher (Mouse Genom Centre). Rund 28 Lebewesen sind genetisch bereits kategorisiert. Und wo bleibt der Mensch?

Im April 2000 rühmte sich der Amerikaner Craig Venter in einer groß angelegten PR-Aktion der Entschlüsselung aller Bausteine des menschlichen Genoms. Damit hatte Venters private Firma Celera Genomics einen entscheidenden Vorsprung gegenüber der Konkurrenz des öffentlich geförderten Human Genome Project. Dessen Forscher aus den USA, Großbritannien, Deutschland, Frankreich, Japan und China hatten sich 2003 als Ziel für erste Ergebnisse zum menschlichen Genom gesetzt.

Adenin (A) und Thymin (T) sind ein Paar. Wie die Stufe einer Strickleiter verbindet das Basenpaar die gewundenen DNA-Fäden, gefolgt vom zweiten möglichen Basenpaar: Guanin (G) und Cytosin (C). Wer wann in welcher Reihenfolge drankommt, darum geht es beim Wettlauf um die Entschlüsselung des Genoms. Wollte man den genetischen Code im

Crossover (Informationsaustausch, Recombination)
Die Erbinformation ist als Kette von Informationsmolekülen gespeichert – der DNA. Die DNA der Nachkommen setzt sich aus Teilen der DNA von Elternteil 1 und von Elternteil 2 zusammen. Im einfachsten Fall («Single Point Crossover») sieht das so aus, dass bis zu einem bestimmten Punkt die Information der Nachkommen gleich der ist von Elternteil 1 und von diesem Punkt in der Kette dann die neue Erbinformation mit 2 übereinstimmt. Wo dieser Punkt liegt, wird dabei per Zufall ausgewählt. Es gibt allerdings auch komplexere Modelle, die mehrmals zwischen dem Informationsursprung wechseln und damit wirklichkeitsnäher sind.

Fitness
Sehr flapsig übersetzt, wäre das: Angepasstheit. Fitness beinhaltet die Fähigkeit eines Individuums, sich unter gegebenen Umständen zu reproduzieren. «The fit are those who fit in their existing environments and whose descendents will fit future environments» (J. Thoday).
Bei Fitness-proportionalen Ansätzen wird eine einfache Fitness-Funktion für die spätere Fortpflanzung angewendet. Andere selektieren Individuen zunächst nach Zufallskriterien aus und suchen erst später in einer Untergruppe der möglichen Teilnehmer die Durchsetzungsstärksten («Tournament selection»). Letzteres kommt uns aus der Wirklichkeit bekannt vor, in der auch nicht alle die exakt gleichen Chancen haben, um weiterzukommen.

Selektion
Selektion ist die Bewertung des Fortpflanzungserfolges der Eltern. Es wird getestet, wie weit die Nachkommen besser oder schlechter einem vorgegebenen Wert entsprechen und ob sie daher weiter existieren dürfen und damit selbst als Eltern von Nachfolgegenerationen zählen. Die erfolgreichen Nachkommen werden dann ebenfalls mutiert, und zählen nun selbst als Eltern einer neuen Generation usw, usw.

Dadurch bildet sich eine Folge von Generationen, deren Individuen – entsprechend der Anzahl der Durchläufe – immer besser dem Prüfkriterium entsprechen. Ziel ist dabei das optimale Ergebnis.

Paarung (Fortpflanzung, Reproduction)
Fortpflanzung von Individuen setzt den Informationsaustausch (Crossover) aus den Genen der Eltern voraus. Bei der Selektion sollen dabei die Fähigsten (am besten Angepassten) überleben.

Mutation
Durch die Art der Speicherung der Erbinformation – Codierung als DNA in einem Makromolekül – können Abweichungen vom 1:1 Kopieren aus den Teilen der Eltern 1 und 2 auftauchen. Diese Fehler, sogenannte Mutationen, entstehen etwa durch Strahleneinwirkung oder chemische Substanzen. Bei evolutionären Modellen mit Mutation wird das genetische Material neu geordnet und zufallsbedingt auf die Nachkommen verteilt (Rekombination).

Meist fallen Mutationen bei der Selektion wieder heraus, weil sie keinen entscheidenden Vorteil gegenüber dem Vorhandenen bringen oder sogar lebensunfähig sind. Die Übrigbleibenden sorgen für neue Arten mit neuen Eigenschaften. In der Natur ist Mutation der Hauptfaktor für Weiterentwicklung.

Bewertung
Die Festlegung der Basiselemente aller evolutionären Ansätze bestimmt bereits die späteren Lösungen. Was ist das Kriterium für Fitness? Wie viele Elternteile lasse ich zu? (Kann auch nur einer sein). Welches Modell oder welche Kombination von Lösungsansätzen wähle ich aus? All diese Entscheidungen tragen wesentlich zur späteren Lösung bei.

Auch die Rechenzeit und damit die Kosten spielen eine entscheidende Rolle bei der Auswahl: Soll beispielsweise die gesamte Optimierung nur eine Stunde dauern, so muss bei 500 Individuen und 2000 Generationen:
$(500 \times 2000) = 1\,000\,000$) die Zeit für eine Einzelbewertung unter vier Millisekunden liegen (Alexander Schatten, 1996). Die Anzahl der Einzelbewertungen kann bei einer Optimierung die Millionengrenze überschreiten.

DNA (Desoxyribonucleinsäure) oder **DNS**
Bezeichnung für die Summe alle Erbinformationen eines Lebewesens. Auch als Genom bezeichnet. Riesenmolekül im Zellkern (beim Menschen rund zwei Meter lang), das die Information für sämtliche Körperformen, – funktionen und -eigenschaften enthält. Die kleinste Informationseinheit der DNA besteht aus drei Nukleotiden, sogenannten Tripletts.

Erbgut des Menschen aus den vier Buchstaben A, T, G und C drucken, so würde das 10000 Bände mit jeweils 300 Seiten und 1000 Buchstaben je Seite füllen. Vorausgesetzt, ein Leser nimmt sich jeden Tag 100 Seiten vor, so bräuchte er 30000 Tage (rund 80 Jahre) für den gesamten Text.

Wie kann man diese Überlegungen in einer technischen Umgebung nutzen? Man setzt die Prinzipien der Vererbung in eine mathematische Beschreibung um, sogenannte Algorithmen, die auf Optimierungsstrategien biologischer Systeme beruhen. Die Zusammenhänge in der Natur werden abstrahiert und auf die jeweilige Problemstellung angepasst. Durch die vereinfachte Darstellung des Problems lassen sich Lösungen finden, die auf konventionelle Weise schwierig oder gar nicht möglich wären.

Historisch bedingt existieren unterschiedliche Ansätze:

- Genetische Algorithmen
- Genetische Programme
- Evolutionsprogramme
- Evolutionsstrategien

Genetische Algorithmen stammen ursprünglich aus den USA, während unabhängig davon parallel in Europa Evolutionsstrategien favorisiert wurden. In letzter Zeit geht der Trend allerdings dazu, nicht mehr klassisch in einzelne Kategorien zu separieren, sondern sich die Rosinen aus unterschiedlichen Ansätzen auszusuchen und mehrere («Building Blocks») zu einer kombinierten Basis künftiger Evolutionsansätze zu sehen. Aufgrund des großen Interesses der Industrie an derartigen Problemlösungen schreitet die Forschung und Entwicklung in großen Schritten voran.

www

suchbegriffe
molecular strateg biological evolution
fitness function
FAQ evolution
PPSN (Conference on Parallel Problem Solving from Nature)
ICGA (International Conference on Genetic Algorithms)

Genetische Algorithmen basieren auf der Methode: Versuch und Irrtum. Individuen können sich entwickeln (mutieren), Eigenschaften austauschen (crossover) und paaren (reproduzieren). Wer bei der Selektion die Nase vorn hat, wird über eine sogenannte "Fitness-Funktion" bestimmt. Diese legt fest, wie gut sich ein Individuum in seiner Umgebung zurechtfindet. Nach etlichen Generationen sind die Individuen bestens an ihre Umgebung angepasst.

Genetische Algorithmen stellen eine sehr konventionelle Art der (mathematischen) Optimierung dar, deren Stärke ursprünglich in der Darstellung des Informationsaustausches (Crossover) bei der Fortpflanzung lag. Genetische Algorithmen zählen zu den sogenannten Monte-Carlo-Methoden, die auf systematischem und gezieltem Einsatz von Zufallsvariablen beruhen.

Angewendet werden Genetische Algorithmen beispielsweise zur Auswahl einer Teilmenge aus einer Menge von Individuen mit bestimmten Eigenschaften. Oder bei Sortierproblemen zur optimalen Anordnung von Elementen. Etwas lebensnaher ausgedrückt: bei komplizierten Einsatzplänen (etwa im Zusammenspiel von Flugzeugumläufen und Crewumläufen, Zeitplänen von Wartungsabläufen), Meteorologie (Regenmodell,...), sozioökonomischen Theorien und Umschlagsystemen beispielsweise für Güterverkehrszentren.

Sehen wir uns als Beispiel für die oben genannten **Scheduling Probleme** («Wie kriege ich alle Anforderungen in einem vorgegebenen Stundenraster unter?») Flugumlauf-Einsatzpläne an. Jede Fluglinie hat eine bestimmte Anzahl von Flugzeugen und eine bestimmte Anzahl von Flugzielen, die sie damit anfliegen möchte. Dazu gibt es Einschränkungen: Während der Flieger etwa über den Atlantik jettet, kann er nirgendwo anders eingesetzt werden. Und auch nach der Landung in USA steht er in Europa wenigstens einen Tag lang nicht zur Verfügung. Die maximale Tankmenge begrenzt den Flugradius des eingesetzten Flugzeugtyps. Andererseits kann nicht jedes Flugzeug auf kurzen Landebahnen aufsetzen. Und dann haben Flieger noch vorgeschriebene Wartungsintervalle, die unter anderem abhängig sind von der Zahl der geflogenen Stunden – deren Zeitpunkt also nicht allzu lang vorher exakt bekannt ist. Widrigkeiten durch Wetter oder ungeplant notwendig werdende Reparatur setzen der sorgfältigen Fluglinien-umfassenden Planung noch eins drauf. Von der ursprünglich optimalen Einsatzplanung bleiben nur rund 20 Prozent im Flugalltag erhalten.

Was kann nun ein genetischer Algorithmus für die möglichst große Realitätsnähe der Planung tun? Bestrafung heißt das Zauberwort. Über die Fitness-Funktion werden Klassen eingeführt. Für jede Überschneidung (Flieger wird in Frankfurt gebraucht, steht aber in Mailand) gibt es bei den Computerdurchläufen Strafpunkte. Unterschiedlich viele für unterschiedliche Widersprüche, je nach den Prioritäten der Fluglinie. Solche Optimierungsvorgänge («Computer-Runs») können mehrere Tage bis Wochen dauern – bis das Ergebnis, den Vorgaben entsprechend, möglichst wenig Gesamtstrafpunkte aufweist.

Während Einsatzzplanung für die Maschinen und im späteren Verlauf dann auch für die Menschen (die Crew) zum Ziel hat, die Gesamt-Einsatzzeit aller geplanten Aktivitäten (Flüge) zu minimieren, geht es bei der Planung von Wartung darum, innerhalb einer vorgegebenen Zeit eine maximale Anzahl von Wartungsvorgängen unterzubringen. Auch hier gibt es zahlreiche Einschränkungen und Widersprüche, die nach genetischen Regeln gelöst werden können.

In der Spieltheorie geht es um die Strategien der erfolgreichen Spieler. Diese erhalten Anerkennungspunkte, analog zur Fitnessfunktion, abhängig von den aus den möglichen Zügen gewählten. Spieltheorien sind auch mit den unten angeführten genetischen Programmen (Klassifizierungs-systemen) und Evolutionsstrategien erfolgreich dargestellt worden. Die Strategie des Spielers wird dabei durch Crossover und Mutation bei der Zugfolge gekennzeichnet.

Genetische Programme und Klassifizierungssysteme sind eine Weiterentwicklung aus den Genetischen Algorithmen und ihnen dementsprechend ähnlich. Crossover wird simuliert durch zufälliges Auswählen der möglichen Individuen der nächsten Generation. Normalerweise ist Mutation bei der genetischen Programmierung nicht berücksichtigt.

Die **Evolutionsprogrammierung** geht auf Lawrence J. Fogel zurück, der diese Methode 1960 entwickelte. Der Unterschied zu den genetischen Algorithmen liegt darin, dass Fogel größeren Wert auf die Abhängigkeit im Verhalten zwischen Eltern und Kind legt.

Wenn andere Methoden, wie schrittweise Veränderung oder analytische Entwicklung, keinen Erfolg bringen, ist die auf Zufallspaarung spezialisierte Evolutionsprogrammierung genau richtig. Sie ist der Evolutionsstrategie sehr ähnlich, obwohl beide von einander unabhängig entstanden sind.

Die **Evolutionsstrategie** sucht nach einem engen Zusammenhang zwischen der Ursache und den Veränderungen, die sie bewirken. Die Vernachlässigung von (molekularen) Einzelheiten bei der ES beruht auf der Idee, dass sich biologische Systeme in gewissem Masse selbst regulieren.

«Die Erklärung: *Es geht – und keiner weiß, warum* hat kurze Beine. Deshalb habe ich ein gestörtes Verhältnis zu manchen (rein mathematisch basierten) Algorithmen für die Evolution. Die universelle Funktionslogik einer Optimierungsstrategie muss entschleiert werden.» Dies sagte Ingo Rechenberg 1994 über seine Evolutionsstrategie (ES).

Kernpunkt der ES ist das Evolutions-Fenster. Dahinter steckt die Idee, dass sich Fortschritt am schnellsten entwickelt bei geringen Änderungen von Generation zu Generation.

Das Evolutionsfenster stellt die enge Bandbreite der Veränderung dar: Es zeigt die Abhängigkeit der Fortschrittsgeschwindigkeit von der Mutationsschrittweite. Verlässt man das Maximum der Kurve nur ein wenig nach rechts (schnellere Veränderung) oder links (in Richtung Stagnation), so gelangt man sofort aus dem Fortschrittsbereich. Evolution kann nur stattfinden, wenn die Schrittweite innerhalb des schmalen Bandes des Evolutionsfensters liegt

Vorausgesetzt, die Mutationsschrittweite bleibt innerhalb des Fensters, kann sich die Mutationsrate zwischen zwei Generationen verändern, um den Entwicklungsprozess in Richtung Optimum zu beschleunigen. Nach der sogenannten 1/5 Regel ist die optimale Laufzeit der Optimierung erreicht, wenn rund 20 Prozent der Mutationen einer Generation einen erfolgreichen Nachkommen erzeugen.

Bei einer größeren Zahl von Mutationen divergieren die Eigenschaften der Nachkommen zu stark, so dass es zu lange dauert, genügend zu finden, die den geforderten Kriterien entsprechen. Wenn die Zahl der erfolgreichen Mutationen unter 20 Prozent sinkt, multipliziert man die Mutationsrate mit 1,25.

Wissenschaftlich ausgedrückt nennen sich obige Überlegungen: «Zentrales Fortschrittsgesetz der Evolutionsstrategie».

Was unterscheidet eine Evolutionstrategie von einem genetischen Algorithmus?

Genetischer Algorithmus	Evolutionstrategie
1 Ursprünglich auf den vorrangigen Einsatz des Informationsaustausches bei der Paarung ausgelegt	1 Von Anfang an als Optimierungsfunktion entwickelt
2 Fortpflanzung ist proportional zur Fitness-Funktion	2 Fortpflanzung ist nicht proportional zur Fitness-Funktion
3 Crossover ist Basis für die Entwicklung	3 Mutation in kleinen Schritten ist Basis für die Entwicklung
4 Nur die Kindgeneration kann sich für die weitere Fortpflanzung qualifizieren	4 Sowohl Eltern(teil) als auch Kind(er) stehen im Wettbewerb für die nachfolgende Generation

In der Urform der Evolutionsstrategie ging Rechenberg nur von einem «Elter» aus. Heutige Evolutionstrategie-Ansätze nähern sich mehr und mehr denen Genetischer Algorithmen an. Eine strikte Trennung und Klassifizierung in die eingangs angeführten vier Computerstrategien auf Basis der Evolution ist, wie bereits erwähnt, heute nicht mehr sinnvoll, weil die Grenzen mehr und mehr verschwimmen.

«Was man mechanisch nachbilden kann, lässt sich auch rechnen» (Ingo Rechenberg in Evolutionsstrategie ´94). Dem entsprechend gibt es kaum Grenzen für den Einsatz von evolutionsbasierten Techniken. Sucht man nach Veränderung, möchte man meist auch eine Verbesserung. Chemie, Biologie, Architektur, Physik, Mathematik – alle Wissenschaften brauchen Unterstützung bei der Suche nach dem Optimum.

Manchmal gelingt es nicht auf Anhieb, eine komplexe Situation als mathematisch vereinfachtes Modell darzustellen. Dann muss durch Messung am Objekt das Anfangsverhalten genau charakterisiert (und damit auf möglichst wenige, definierbare Parameter eingeschränkt) werden. Nicht geeignet sind Evolutionsansätze bei Vorgängen, bei den kleine Änderungen der Ursache zu vollkommen anderen Wirkungen führen – wie etwa in der Chaostheorie. Voraussetzung zum Optimieren ist der Zusammenhang von kleiner Änderung der Ausgangslage und kleiner Wirkung.

Wer eine möglichst glatte Oberfläche sucht, oder einen möglichst leichten und trotzdem stabilen Werkstoff, der sucht nach dem Optimum. Es gibt kaum einen technischen Bereich, der nicht auf Optimierung angewiesen ist. Genau wie die Natur.

Bäume erfreuen nicht nur durch ihren Anblick unser Auge, sondern haben sich über Jahrmillionen auch ein recht gutes Design zugelegt – was ihre Funktionalität betrifft. Claus Matthek, Professor in einen Karlsruher Forschungszentrum, fand heraus, dass Bäume nach dem «Gesetz der konstanten Spannung» optimiert sind. Es besagt, dass die Belastung über die gesamte Oberfläche gleichmäßig verteilt ist. Das Herzchen, in die Baumrinde geritzt, wird biomechanische Vorgänge verursachen, die bewirken, dass der Kraftfluss innerhalb des Baumes auch nach der Verletzung wieder ungehemmt fliessen kann. Biomechanische Selbstoptimierung nannte Matthek diesen Vorgang, auf dessen Basis er ein technisches Optimierungsverfahren namens CAO (Computer Aided Optimization) entwickelte. Mit ihm läßt sich das Wachstum von Bäumen, Knochen und anderen biologischen Strukturen berechnen und damit nachvollziehen.

www

suchbegriffe
Arthur L Samuel checkers
John R. Koza
automatic funct definition

Belastung und damit Spannung spielt in der Technik in vielen Bereichen eine große Rolle. Vom schnell rotierenden Maschinenbauteil bis hin zu Brückenträgern muss in der Konstruktion optimiert werden. Bruchstellen entstehen in Bereichen erhöhter Belastung. Deshalb wendet die Natur das »Prinzip der gleichverteilten Spannung» etwa bei bei Bäumen und Knochen an. Das Übertragen auf menschliche Konstruktionen im CAO-Verfahren hat zu extrem leichten und stabilen Bauteilen geführt. Knochenschrauben, Pleuelstangen, T-Träger und Motorenaufhängung (Opel) entstanden bereits nach dem biologischen Design: sie halten trotz Minimalgewicht starken Belastungen stand.

Computerprogramme, die auf evolutionären Techniken beruhen, sind heute in jedem Gebiet erfolgreich im Einsatz. Einen großen Schritt vorwärts kamen die Ansätze mit Arthur L. Samuel, der sich intensiv mit dem Damespiel befasste (1959). Seine Idee war, aus einem dummen, ausführenden Computer eine denkende, lernende Maschine zu machen.

Anwendungsgebiete genetischer (evolutionärer) Algorithmen

John R. Koza von der Stanford University baute auf diesen Untersuchungen auf. Koza (1992): «Der Schlüssel bei intelligenten Maschinen liegt darin, während des Programmlaufes Probleme automatisch und dynamisch in kleinere Problemchen aufzuspalten und so die optimale Lösung zu finden». Ähnlich wie ein konventioneller Programmierer sein Programm in Unterprogramme aufteilt (Subroutines), damit das Problem überschaubarer wird. Nur, dass nun nicht mehr der Mensch die Subroutines schreibt und festlegt, wann sie zum Einsatz kommen, sondern der Computer ihre Notwendigkeit bestimmt.

Koza wandte seine Erkenntnisse unter anderem zur Buchstabenerkennung oder allgemeiner zur Mustererkennung an. Die Datenübertragung und Bearbeitung von Bildern, die aus vielen Einzelpunkten bestehen, braucht viel Zeit und Platz. Komprimieren für die Übertragen heißt die Antwort. Nur geht dabei meist Bild-Information verloren, die nach der Dekompression auf das ursprüngliche Format meist unwiderbringlich verloren ist. Wie und was genau man gerade noch weglassen oder vereinfachen kann ohne merkbaren Informationsverlust – hier kommen evolutionäre Techniken erfolgreich zum Einsatz.

Galoppierende Pferde am Bildschirm haben bereits einiges an Rechenarbeit hinter sich. Komplexe, selbstverständlich möglichst natürlich und real wirkende Bewegungsabläufe sind prädestiniert für EA und GA-Methoden. Programme, bei denen der Anwender nur mehr das Anfangs- und das Endbild angibt, und der Computer dann automatisch nach einer vorgegebenen Schrittanzahl die Bewegungsabläufe errechnet und abbildet sind heute nicht mehr Produzenten teurer Trickfilme vorbehalten, sondern bereits in Kindermalprogrammen (KidPix für Macintosh) enthalten. Auch der zugehörige Hintergrund wird entsprechend mitverändert.

Etwas technischer sind Anwendungsgebiete wie die «Kalibrierung bei einer Gasturbinenberechnung» (Rolls-Royce) oder Abbrandberechnungen von Brennelementen in Kernkraftwerken. In der Medizin finden sich evolutionäre Ansätze etwa bei der Erforschung epileptischer Aktivitäten in Enzephalographischen Kurven. Stichwort: Mustererkennung (Pattern recognition).

www

suchbegriffe
Image processing
pattern recognition
fractal analysis
compress image
massive entertainment
game genetic program-

Anschaulicher wird es wird auf dem recht einträglichen Markt der Computerspiele. Je intelligenter und realer sich die Figuren am Bildschirm bewegen und verhalten sollten, um so intelligenter muss auch das Programm sein, das dahinter steckt. Vorhersagen über das Verhalten von Bevölkerungsgruppen finden in der Wirtschaftstheorie Anwendung, auch technische Organisationen wie der UK Electricity Pool waren schon an strategischen Verhaltensvorhersagen interessiert. Computergenerierte Musik und Bilder entstehen ebenso mit Hilfe von evolutionären Techniken.

Roboter zählen wohl zu den markantesten Kreaturen, die uns im neuen Jahrtausend beschäftigen werden. Während heute etwa in der Flugzeug- oder Automobilindustrie dumme Roboter stundenlang stur und millimetergenau den exakt gleichen Bewegungsablauf ausführen, sieht die Zukunft abwechslungsreicher aus. Staubsauger, die ohne menschliche Hilfe alleine die Wohnung säubern, wären doch eine unschätzbare Hilfe. Damit aber nach der Aktion noch einiges in der Wohnungseinrichtung heil geblieben ist, muss der arbeitsame Roboter Hindernisse als Objekte erkennen können und darauf – etwa durch Ausweichen oder Stoppen – reagieren. Zielerkennung oder «Robotic control» heißen hier die entsprechenden Begriffe, die unsere Zukunft angenehmer gestalten sollen.

Neuronale Netzwerke gehen in eine ähnliche Richtung. Vor rund 20 Jahren sprach man noch bevorzugt von Artificial Intelligence oder schlecht übersetzt, dem Begriff der Künstlichen Intelligenz. ("Artificial" im englischen beinhaltet mehr und anderes als der deutsche Ausdruck "künstlich"). Mittlerweile sind derartige Forschungen, die im wesentlichen zum Ziel haben, aus ausführenden dummen Maschinen selbstlernende Computer zu machen, eher unter dem Stichwort Neural Networks zu finden. Dies legt wiederum die Assoziation eines von Menschenhand geschaffenen Gehirnes nahe – auch davon sind wir zur Zeit noch galaktisch weit entfernt. Neuronale Netze finden neben der Roboterforschung auch in vielen anderen Gebieten, etwa in der Chemischen Industrie, Verwendung.

Und nicht zuletzt gilt: vieles der Forschung mit evolutionären Techniken befasst sich mit der Methodik selbst – welche Ansätze sind am geeignetsten, um welche Probleme zu lösen, welche Klassifizierungen von Systemen haben sich wann als erfolgreich erwiesen…

Was in einem Buch gedruckt steht, ist in unserem schnelllebigen Zeitalter bereits Schnee von gestern. Wer sich also für die letzten Forschungen, Entwicklungen und Trends auf dem Gebiet evolutionärer Programmierung interessiert, möge entweder eine der zahlreichen Konferenzen zum Thema besuchen. Oder, wenn Irland oder die USA zu weit weg sind, die Ergebnisse im Internet verfolgen.

www

suchbegriffe
robot control
robotics
process control
target recognition
object recognition
light tracking
motion tracking
target seeking

Unter der Webadresse:

http://www.genetic-programming.org/gpotherconfs.html

sind 24 regelmässig stattfindende Konferenzen aufgelistet, sortiert nach:

Ort	(etwa 2nd Asian Conf on GAs, EuroGP),
Thema	(Theorie, Anwendungen, Design, Hardware…),
Techniken	(GP, EP, GA, ES, etc.),
Jahreszeit,	
Umfang und Bedeutung	(kleine spezialisierte, oder themenübergreifende)
usw.	

Die beiden größten Konferenzen weltweit sind GECCO und die EuroGP. Unter beiden Begriffen, jeweils als Suchbegriff in eine Internet-Suchmaschine eingegeben, gibt es viel Information.

Evolution hat einen Anfang und, wenn man sie in der uns wahrnehmbaren, endlichen Welt betrachtet, auch ein Ende. Am Anfang sind alle Möglichkeiten offen, am Ende erfolgt die Auswahl aus der Vielfalt – die Reduktion. Durch Vorhandensein anderer, die auch von der Entstehung bis zur Selektion weiterkommen möchten, entsteht Wettbewerb. Und dieses Streben bewirkt in der Theorie der Evolutionsstrategie ein sich selbst organisierendes Optimierungsverfahren.

www

suchbegriffe
genet algorithm
evolution strateg
optimization

webadressen
www.talkorigins.org/origins
www.genetic-programming.org

Spinnen wir einmal den Gedanken der Optimierung weiter und behaupten, dass auch die Experimentiermethode der Evolution eine Evolution durchläuft. Zu gut deutsch: Wenn ein Designer ständig neue Autos entwickelt, wird er auch mit zunehmender Erfahrung den Prozess von seiner Idee bis zu deren Umsetzung aufs Papier optimieren. Auch die Natur sollte während des drei Milliarden Jahre dauernden Evolutionsprozesses alles darangesetzt haben, den Prozess an sich zu optimieren.

Also können wir davon ausgehen, das die Mechanismen der Evolution ein Lebewesen möglichst schnell an die jeweilige Umgebung anpassen. Darauf basiert die Idee, biologische Evolutionsmethoden auch als Strategien zur Optimierung technischer Systeme heranzuziehen.

www

newsgruppen
talk.origins
sci.bio.evolution
comp.ai
comp.ai.fuzzy
comp.theory.self-org-systems
sci.math.num-analysis

Nach dem zugegebenermaßen etwas trockenen Kapitel über die Strategien zum Optimum, wird es in den folgenden Seiten wieder anschaulicher. Wer sich aber an der Schönheit der Mathematik erfreuen kann, möge sich nach dieser einführenden Betrachtung der Optimierung weiter ins Thema vertiefen – das Internet ist eine exzellente Quelle dafür. Auch in konventioneller Papierform sind zahlreiche Publikationen verfügbar. Wir empfehlen, mit Veröffentlichungen von Ingo Rechenberg ("Evolutionsstrategie ´94") und seinem Evolutions-strategie-Mitstreiter Hans-Paul Schwefel zu starten.

Und wer zwar von mathematischer Optimierungen genug hat, nun aber nachts vor dem Einschlafen über den Sinn des Lebens grübelt, dem sei als Lektüre der "Hitchhiker´s Guide to the Galaxy" ("Per Anhalter durch die Galaxis") von Douglas Adams empfohlen.

Bio-Logik

Kevin Kelly ist eine schillernde Gestalt: Bestsellerautor («Der Computer ist tot»,«Das Ende der Kontrolle – Die biologischen Wende in der Wirtschaft»), Herausgeber des kalifornischen Magazins «Wired» und Organisator der jährlichen Hackerkonferenz. Der Technologie-Guru ist trotz oder wegen seiner kritischen Einstellung Berater für Großkonzerne und Regierungen. Einige seiner Gedanken wollen wir Ihnen als Diskussionsgrundlage hier präsentieren.

49

Die Natur hat seit Urzeiten dem Menschen als Ressource gedient: für Nahrung, Werkstoffe und als Behausung. Erst seit kurzem bedienen wir uns einer weiteren Quelle der Natur: der Bio-Logik.

Kelly: «Komplexität muss aus einfachen Systemen erwachsen, aus Systemen, die bereits funktionieren. Die Zukunft der Maschine heißt Biologie.»

www

suchbegriffe
logic bio
online salon well
global business network
Kevin Kelly wired

Die entscheidende Aufgabe der kommenden Zeit besteht darin, alles mit allem zu vernetzen. Grenzen zu überschreiten. Bereiche, die unsere Großeltern nicht einmal gemeinsam in einem Satz erwähnt hätten, in einem gemeinsamen Lösungsansatz zu kombinieren.

Bio-Logik ist bereits erfolgreich bei Duplizievorgängen, Lernprozesen, Selbst-Erneuerung und evolutionären Prozessen im Einsatz.

Folgende Gesetze der Bio-Logik lassen sich auf mechanische Systeme anwenden:

- alle dauerhaften Systeme müssen über eine Zeitperiode gesehen, wachsen
- alle zuverlässigen Systeme müssen organisiert sein
- alle anpassungsfähigen Systeme geleitet sein von unten nach oben
- alle innovativen Systeme müssen Irrtum und Veränderungen zulassen.

Nach diesen Prinzipien werden heute Computerchips konstruiert, elektronische Netzwerke, Robotersteuerungen, Entwicklungen in der Pharmaforschung vorangetrieben. Neue, andersartige Software entsteht und darauf basierend, zukunftsorientiertes Management.

Gleichzeitig findet aber auch das Umgekehrte statt: Die Logik der Technik wird in die Natur exportiert. Eingriffe des Menschen in Pflanzen-/Tiere-Wachstum und Arten sowie gezielte genetische Veränderungen von Erbgut sollen das Leben auf der Erde verbessern.

Vom Menschen geschaffene Dinge werden immer ähnlicher ihren natürlichen Vorbildern, das Leben andererseits wird zunehmend von Technik geprägt. Die Natur wird zur Ideen-Bank. Kelly: «Die Zerstörung des Regenwaldes löscht nicht nur zahlreiche natürliche Arten aus, sie zerstört damit auch Gene, Ideen und Anwendungsvorschläge, die wir zur Lösung unserer zukünftigen Probleme gut gebrauchen könnten».

Wie kann jemand aus Fleisch
und Blut zu einem mechanischen Vogel
werden?

Indem er einen Sprung in seiner
Vorstellungskraft macht. Zu einem
Gedanken, der eine Tür öffnet.

Der Körper bildet die Türe.

Der Geist unterstützt den Körper und der
Körper unterstützt den Geist.

6

Ein trägerloses Abendkleid zieht zweifelsohne alle Blicke auf die Dame, die es trägt. Wer aber denkt an den armen Ingenieur, der versucht, die Kräfteverteilung zu berechnen, die die Wirkung erst ermöglicht?
Er ist konfrontiert mit einem Kleid, das aussieht, als wenn es jeden Moment von seiner Trägerin herunterrutschen würde, aber trotzdem mit magischen Kräften ihre Rundungen bedeckt.

Anonymus
aus "A Stress Analysis of a Strapless Evening Gown"

Form folgt Funktion

«Den Durchmesser der Körbchengröße kleiner als den Brustumfang der Trägerin des Kleides zu wählen, ist eine Möglichkeit, durch Reibung die Gesamtkraft so zu beeinflussen, dass das trägerlose Oberteil nicht herunterrutscht. Allerdings führt dies zu Unbehagen der Trägerin.

Und, als ob das Problem nicht schon schwierig genug zu berechnen wäre, möchten manche Damen auch noch, dass das Rückenteil des Kleides tiefer ausgeschnitten ist als das Vorderteil, damit sie noch mehr Aufmerksamkeit erlangen. Das verändert die Kräfteverteilung erneut.» (Auszug aus "A Stress Analysis of a Strapless Evening Gown").

Man hat es nicht einfach als Designer. Das Ding soll schön aussehen, praktisch sein und dazu noch seinen angepeilten Funktionszweck optimal erfüllen können. «Form follows function» ist die Basis guten Designs. Sie stammt vom amerikanischen Architekten Louis Sullivan (1856 – 1924), der nach diesem Prinzip noch heute beachtenswerte Gebäude in vielen Staaten errichtete.

www

suchbegriffe
strapless evening gown
louis sullivan
bumble bee
hummel fliegen
charl ellington

Beim Design ist uns die Natur wieder einmal um Jahrmillionen voraus. Sie wäre nie auf die Idee gekommen, Drehschalter von Herdplatten mit unnötigen Kerben und Vertiefungen auszustatten, nur damit nach dem Kochen möglichst viel Aufwand zur Reinigung des Herdes nötig ist. Unter einer glatten Oberfläche versenkte Schalter haben auch bei elektrischen Zahnbürsten Vorzüge gegenüber einem undichten Schiebeschalter. Hersteller, die erst nach mehren Generationen von Produkten und unzufriedenen Kunden merken, dass Wasser am Akku ungesund für dessen Funktionalität ist, blieben bei einer natürlichen Auslese unberücksichtigt.

Rechteckige Fische hätten sich in der Natur nicht durchgesetzt. Auch wenn sie kostengünstiger "herzustellen" oder einfacher verpackbar wären. Form und Funktion gehen bei der evolutionären Selektion Hand in Hand, während bei menschlichen Erfindungen oft Aussehen, Preis oder andere Teileigenschaften in der Gesamtfunktionalität dominieren.

0,7 Quadratzentimeter Flügelfläche bei einem Gewicht von 1,2 Gramm – mit diesen Maßen kann kein Flugobjekt fliegen, ungeachtet seiner Form. Das haben aerodynamische Berechnungen und Versuche im Windkanal bewiesen. Anscheinend weiß die Hummel das nicht – denn sie fliegt mit obigem Parademaß ganz prächtig.

Professor Charles Ellington von der Zoologischen Abteilung der Universität Cambridge (Großbritannien) schien das einer genaueren Untersuchung wert. Gemeinsam mit seinem damaligen Studenten Robert Dudley kam er 1990 tatsächlich zu dem Ergebnis, dass nach den gängigen aerodynamischen Gesetzen eine Hummel nicht fliegen kann. Irgend etwas musste an den Berechnungen faul sein – denn, wie wir alle wissen, brummen die dicken Bienchen ganz vergnügt durch die Lüfte. Also weitete Ellington seine Untersuchungen auf andere Insekten aus und kam zu dem überraschenden Ergebnis, dass nach den gängigen aerodynamischen Gesetzen kein Insekt fliegen kann: Der an den Flügeln real gemessene Auftrieb übersteigt den berechneten ganz gehörig.

Das spornte den wissbegierigen Forscher an. Nun untersuchte er erneut das Flugverhalten von Insekten im Windkanal. Wegen der größeren und langsamer schlagenden Flügel wählte er eine bestimmte Sorte Schmetterlinge ("Hawkmoths"). Rauch soll das Strömungsverhalten sichtbar machen. Photos mit einer Hochgeschwindigkeitskamera und Kräfte- und Geschwindigkeitsmessungen zeigen, dass für den größten Teil des Auftriebs nicht der Flügelschlag selbst sorgt, sondern bis dahin unbekannte zylinderförmige Wirbel an der Flügelvorderseite der Insekten (leading-edge vortex, LEV). Fliegende Insekten produzieren, wie jede andere angeströmte Flügelfläche auch, Wirbel (Vortices).

Schwärmer (Sphingidae, im englischen Hawkmoths)

Dazu zählen rund 1000 Arten vor allem in den Tropen lebender Schmetterlinge, rund 30 Arten flattern in Europa (z.B. Abendpfauenauge). Sie sind kräftige, pfeilschnelle Flieger, die als Wanderfalter oft weite Strecken zurücklegen. Die Vorderflügel sind in Ruhe dachförmig zurückgelegt, die Hinterflügel wesentlich kleiner. (nach "Meyers Taschenlexikon Biologie")

Was bei Flugzeugen unerwünscht ist, da gefährlich für nachfolgende Flieger, hilft Insekten, ihre Körpermasse durch die Luft zu bewegen. Denn durch die spezielle Form und Bewegung in der Natur entstehen die spiralförmigen Wirbel hier VOR dem Flügel und wirken so auf den Verursacher selbst, statt nachfliegende Luftfahrer zu beeinflussen. Die Wirbel bilden so einen Teil des zum Fliegen notwendigen Auftriebs. Ausprobieren und ansehen kann das jeder auch zuhause: wenn man einen Löffel durch den Kaffee zieht, entstehen die gleichen vorgelagerten Wirbel.

LEVs erzeugen ihren starken Auftrieb allerdings nur für kurze Zeit. Sie werden zunehmend größer und irgendwann werden sie zu groß im Verhältnis zum Flügel. Dann geht der Wirbel seiner eigenen Wege und löst sich vom Insekt ab. Der Flügel würde durch den plötzlichen Wegfall eines Großteils seines Auftriebes abkippen (fachmännisch Strömungsabriss genannt oder noch genauer: verzögerter dynamischer Stall).

Es wäre allerdings ein sehr abgehackter Flug, würde das Insekt bei jedem Flügelschlag abkippen. Also muss es etwas geben, das dem Strömungsabriss entgegenwirkt. Über den Flügel fließt auch eine Strömung vom Rumpf zur Flügelspitze. Diese verhindert ein Größerwerden der LEV, und drückt sie stattdessen nach außen weg, bevor sie sich ablösen kann. Dies verhindert den Stall.

Diese Strömung von innen nach außen, dem Flügel entlang, haben die kleinen Flattertierchen übrigens mit einem grossen Silbervogel gemeinsam: Auch die Concorde wird im Flug so von Luft umspült. Allerdings entsteht diese Strömung beim Überschallflugzeug durch die extreme Pfeilung und nicht wie bei flügelschlagenden Insekten durch einen Druckabfall in Richtung Flügelende.

Kann man nun die Bewegung der Falter so einfach auf die dicken Brummer übertragen? Charlie Ellington: «Die Flügelbewegung der Falter ist typisch für alle Insekten. So können wir davon ausgehen, dass dieser zusätzliche Auftrieb aus den Vortices auf alle Insekten übertragbar ist – einschließlich der Hummel.»

Bei Hummeln untersuchte die Gruppe um Ellington, was die Muskelkraft der dicken Brummer bewirken konnte. Die Wissenschaftler nahmen dabei die Gesamtenergie der Bewegung über Änderungen im Stoffwechsel der Tierchen unter die Lupe. Vereinfacht ausgedrückt: Wann wird wieviel Sauerstoff verbraucht? Über Schätzungen, welche mechanische Kraft für die gemessene Leistung benötigt wird, wurde die Gesamtenergiebilanz des Insekts bestimmt.

Heraus kam, dass die Wirksamkeit des Insektenmuskels wesentlich weniger zur Gesamtbilanz beiträgt, als gemeinhin angenommen. Im Kapitel über neurologische Zusammenhänge («Gedankenverbindungen») werden wir nochmals auf die zoologischen Untersuchungen von Insekten kommen. In den fliegenden Kumpanen steckt nämlich noch so einiges Geniale drin, was sich hartgesottene Techniker vor ihren theoretischen Überlegungen ansehen sollten.

«Wir wollen Technische Luftfahrt (Aeronautical Engineering) studieren. Keiner hat gesagt, dass wir uns dabei auch mit Biologie befassen müssen», beschwerten sich Studenten von Professor Henk Tennekes an der Pennsylvania State University (1969). Tennekes war berühmt berüchtigt dafür, Vorlesungen über Aerodynamische Berechnungen mit Beobachtungen an Enten, Gänsen, Spatzen und Schmetterlingen anzureichern. «Abgesehen von den offensichtlichen Unterschieden, unterliegen ein Schwan und eine Boeing 747 den gleichen aerodynamischen Gesetzen«, antwortete der bionisch orientierte Professor.

Ein Kolibri konsumiert etwa so viel Honig pro Tag, wie er selber wiegt, ungefähr vier Prozent seines Gewichts in der Stunde. Der 747-Jet verbraucht rund 12000 Liter Kerosin in der Stunde und hat bei einem Transatlantikflug rund 300 Tonnen Eigengewicht. Kerosin wiegt rund 800 Gramm pro Liter. Damit setzt der Jet jede Stunde rund 10000 Kilogramm (12000 x 0,8) Treibstoff in Bewegung um. Das sind rund drei Prozent seines eigenen Gewichts. So schlecht steht die technische Nachbildung der Natur heute nicht da.

Fliegen ist eine sehr effiziente Art der Fortbewegung. Zehnmal so schnell wie ein Auto, bei ähnlichen Treibstoffkosten pro Kilometer. Dabei gilt der Durchschnittsverbrauch von 3,1 Liter je Flugkilometer (Boeing 757 der Condor) gleich für 100 Passagiere. Zugvögel nutzen diese effiziente Art des Reisens, um sich von Pol zu Pol zu bewegen (Seeschwalben), oder etwa aus dem kalten Norden auf die Südhalbkugel zum Überwintern zu ziehen (unterschiedliche Schwalbenarten).

Wie sieht nun die optimale Form für die Fortbewegungsart Fliegen aus? Ein Körper fliegt (sehr vereinfacht) durch den Auftrieb, den die vorbei strömende Luft erzeugt und durch einen Antrieb nach vorne (Flügelschlagen, Motor, Laufen bei Hängegleitern). Unnötig zu erwähnen, dass das Flügelschlagen nebenbei auch zum Auftrieb beiträgt. Die Natur verlässt sich nie auf nur eine Funktion eines "Bauteils".

Damit das Ganze nicht zu einfach wird, haben wir noch zwei Kräfte, die Auftrieb und Antrieb entgegenwirken. Zum einen ist dies die Schwerkraft, die uns an den Boden zu fesseln scheint und unterschiedliche Widerstandsarten, wie etwa die Reibung.

Reibung hängt stark ab von Form und Art des Materials – die Stromlinienform beim Rumpf und bei der Tragfläche/Flügel minimiert Reibung. Deshalb bevorzugt die Natur schmiegsame Kurven statt Ecken und kontinuierliche Oberflächen statt herabhängender Federn oder Beine. Die

Füße werden sofort nach dem Start eng an den Körper geklappt, oder analog wird bei schnellen Flugzeugen das Fahrwerk eingezogen.

Seglervögel, Kolibris und Schwalben

Mit der Zuordnung in gemeinsame Obergruppen – wer gehört zu wem – sind sich die Zoologen bei manchen Vogelarten nicht einig. Für unsere Betrachtungen ist die Kategorisierung nebensächlich.

Seglervögel und Kolibris haben einiges gemeinsam: flache Flügel, keine oder nur kurze Tragfedern (zum strömungsgünstigen Abdecken der Lücke zwischen Körper und Flügel), kurze Beinchen mit schwacher Muskulatur.

Eine Unterart der Segler, die Stachelschwanzsegler, zählen zu den schnellsten Vögeln der Erde. Sie erreichen mehr als 100 Stundenkilometer. Wegen ihres rasanten Sturzfluges werden Halsbandsegler in Brasilien als "Raketen" bezeichnet. Raketen müssen stabil gebaut sein: kräftige Flugmuskeln setzen an einem hohen Brustbein an. Mikroskopisch kleine Haken und Verspannungen bilden den festen Schwingenaufbau.

Ein Flugzeug kann in der Luft nicht anhalten, ein Kolibri sehr wohl. Mit schnellen Flügelschlägen kann er kurze Zeit vor einer Blüte "stehen" bleiben, während er mit seinem Schnabel Nektar (und kleine Insekten) aufsaugt. Der Flug besteht aus einer schnellen Folge schraubenförmiger Bewegungen, die Schlagbewegung kann bis zu 78 Schläge je Sekunde betragen. Dieser Schwirrflug ist ähnlich wie bei manchen Insekten und äußerst wirkungsvoll. Kolibris können mehr als 100 Stundenkilometer fliegen, sie können blitzschnell die Richtung wechseln und sogar rückwärts fliegen.

Schwalben sind rasch und wendig. Ihre Körperform geht sehr in Richtung Spindel. Sie sind nicht ganz so ausdauernd wie die Segler, aber ihr jährlicher Zug nach Süden bei uns bestens bekannt. Anpassung (Konvergenz) ist der biologische Fachausdruck dafür, wenn sich bei ähnlichen Lebewesen in vergleichbarer Lebensweise, auch wenn sie nicht verwandt sind, eine ähnliche Körperform ausprägt. Dies trifft für Segler und Schwalben zu, die verschiedenen Vogelordnungen angehören.

Auch Gewicht spielt beim Fliegen eine große Rolle. Je leichter, umso weniger Auftrieb ist nötig, um etwas in der Luft zu halten. Das sieht nach einer Binsenweisheit aus. Warum aber hebt eine behäbige 747 so einfach von der Startbahn ab, während Lilienthal mit seinen fragilen Holz- und Stoffkonstruktionen schnell wieder auf der Erde landete?

Das liegt zum einen darin, dass zum Auftrieb noch der Antrieb kommt. Die vier Turbinen liefern beim Start einen Schub von 100 Tonnen. Da konnten die laufenden Beine und die schlagenden beflügelten Arme des deutschen Pioniers nicht mithalten.

Während Techniker sich über Jahrzehnte darauf kaprizierten, den Antrieb zu erhöhen und die Form strömungsgünstiger zu entwickeln, kommt man langsam und vorsichtig nun wieder auch auf andere Prinzipien der Natur zurück. Jeder Vogel kann die Größe und Form seiner Schwingen je nach Flugzustand verändern. Flugzeuge sind mit ihren starren Tragflächen unbeweglicher. Zwar gibt es Klappen, die bei langsamen Flugzuständen (Landung) ausgefahren werden und das Profil und die Fläche verändern, aber verglichen mit den Möglichkeiten der Natur ist das eher eine spartanische Lösung.

www

suchbegriffe
hawkmoth
R Dudley
Hertel Berlin

webadresse
http://www.rhone.ch/winggrid/

Die extrem anpassungsfähigen Flügel des Albatros waren Vorbild: Um vom starren Flugzeugflügel wegzukommen, entwickelten daher Forscher der Unternehmen DLR, DASA und der Daimler-Benz-Forschung eine flexible Hinterkante und eine verstellbare Wölbung auf der Flügeloberseite.

Durch den Spritverbrauch während des Fluges nimmt das Gesamtgewicht des Fliegers ab. Damit verringert sich der zum Fliegen nötige Auftrieb. Eine vom Cockpit aus verstellbare Flügelhinterkante aus kohlefaserverstärktem Kunststoff soll die Anpassung bringen. So lässt sich die Wölbung dem Flugzustand anpassen und die Tragflächenbelastung vermindern. Das wiederum senkt das Gesamtgewicht des Flugzeugs. Versuchsstudien für den A380 ergaben eine Verringerung des Kerosinverbrauchs um knapp sechs Prozent.

Die Ingenieure fanden nach einigen Blicken auf die fliegenden Lebewesen eine weitere Möglichkeit, den Luftwiderstand zu vermindern: das gezielte Ausbeulen der Flügeloberfläche verhindert Turbulenzen. Damit der Computer auch weiß, wo er beulen muss, sind die Tragflächen mit einem dichten Netz von Drucksensoren bestückt. Nach dem Vorbild der Natur sind diese nicht auf die Oberfläche draufgesetzt, sondern als Fasern in die Kunststoffoberfläche eingebettet. Diese elektrisch-keramische Fasern erzeugen bei Druckänderungen durch die darüber strömende Luft kleine Spannungsspitzen, die von einem Mikrochip weiterverarbeitet werden. «Wir machen das Material intelligent», sagt Willi Martin, Projektleiter bei Daimler-Benz stolz.

Profil und Tragflächen

Ein Tragflügel stellt einen aerodynamische Körper dar, der durch seine Form (und Oberfläche) besonders strömungsgünstig ist. Grundform ist dabei das Rechteck. Wegen des großen Randwiderstandes ist diese Form allerdings nur bei extremem Langsamflug sinnvoll.

Im Flugzeugbau ist das etwa bei einer Pilatus Porter realisiert – einem turbinengetriebenen einmotorigen Flugzeug für 10 Passagiere oder Last. Sie hat mit ihrem großen rechteckigen Tragflächenprofil extrem gute Langsamflugeigenschaften, die u.a. kurze Start- und Landestrecken in den Bergen ermöglichen.

Die aerodynamisch günstigste Form stellt die Ellipse dar. Ihr Randwiderstand ist nahezu Null. Bienen und Schmetterlinge "wissen" das. Auch Gleitschirmflieger haben für ihre Hochleistungsschirme diese Form gewählt. Fallschirmspringer, heute noch mit rechteckigen "Matratzen" unterwegs, liebäugeln auch, künftig auf die Ellipsenform umsteigen.

Setzt man Tragflächen, nicht wie etwa bei der Pilatus Porter, rechteckig an, sondern so, dass die Flügelenden leicht nach hinten (oder in seltenen Fällen auch nach vorne) zeigen, spricht man von einer Pfeilung. Sie erhöht die Stabilität. Alle modernen Verkehrsflugzeuge weisen heute eine Pfeilung nach hinten auf.

Flügelschlagen ist bei modernen Jets völlig aus der Mode gekommen. Bei den Vögeln hat es unterschiedliche Auswirkungen – Antrieb ist nur eine davon. Wie bei Insekten festgestellt, trägt die Flügelform und Art der Bewegung durch Wirbel, die auf den Verursacher selbst wirken, auch zum Auftrieb bei. Dass sich die Flügelbewegung auch positiv auf die Stabilität auswirkt – vor allem bei großen Schwingen oder Tragflächen –, ist Flugzeugkonstrukteuren mittlerweile bekannt. Starre Flügel, deren Enden sich um keinen Millimeter nach oben oder unten biegen können, würden so hohe Biegespannungen am Ansatzpunkt bewirken, dass die Tragflächen sofort abreißen würden. Deshalb bewegt der Jumbo auch seine Tragflächenenden. Um bis zu 12 Meter nach oben und unten schwingen die Spitzen im Flug. Elastizität bringt Stabilität.

Die Kombination von Auftrieb und Antrieb äußert sich in der Geschwindigkeit, mit der sich das Lebewesen oder der Körper durch die Luft bewegt. Es gibt eine Mindestgeschwindigkeit, bei der ein Körper abheben und fliegen kann. Sie ist, neben anderen Faktoren wie etwa dem Gewicht, auch von der Form abhängig. Flugzeuge ähneln mehr und mehr strömungsgünstigen Körpern, wie sie etwa Fische in der Natur aufweisen.

Windkanalversuche zeigen, wie ein optimal strömungsgünstiger Körper auszusehen hat: An Haien oder Delphinen gibt es nichts mehr zu optimieren. Oberfläche und Form des Schwanzspitzenhais sind für schnelle, energiearme Fortbewegung ausgelegt. Der zylindrische Rumpf etwa eines Airbus oder einer Boeing könnte in Richtung Strömungs-Optimierung noch einiges zulegen. Flugzeugkonstrukteur Heinrich Hertel von der TU Berlin untersuchte Forellen, Thunfische, Delphine und Blauwale auf ihre Körperform hin. Hertel fand, dass ein spindelförmiger Rumpf den gängigen Zigarrenformen der Flugzeuge sowohl vom Innenraum her als auch auf den Widerstand bezogen überlegen ist.

Die am Land behäbig trippelnden Pinguine bilden im Wasser eine perfekte Spindelform, bei der die Flügel als Ruder wirken. Als beste "Flügelschwimmer" im Tierreich legen Pinguine täglich bis zu 100 Kilometer zurück. Beim Sprung aus dem Wasser auf die Eisscholle können sie auf bis zu 7 Meter pro Sekunde beschleunigen. Von Behäbigkeit keine Spur.

Während Autofreaks bei einem Widerstandsbeiwert (cw) von 0,3 schon aufjauchzen, lässt das den Pinguin kalt: mit 0,025 (cw) ist er allem Tand von Menschenhand haushoch überlegen.

Ein Flugzeug mit Kunststoff-Federn hat sich der Schweizer Ingenieur Ulrich La Roche ausgedacht. Bei seinem Segelflieger endet jede Tragfläche mit einem "Kamm" im Stil der Fingerfedern von Vögeln. Dieses "Winggrid" erlaubt bei gleichbleibender Flugleistung eine Halbierung der Spannweite.

Die Natur als Designer

Aufgrund des optimalen Zusammenwirkens von technologischer Anforderung und Material nach Art, Form und Struktur stellte Werner Nachtigall Postulate auf, nach denen die Natur zu gestalten scheint. Allen Anforderungen liegen dabei energetische Aspekte zugrunde. Ebenso scheint die Natur in ihren Lösungen stets weiter und umfassender zu denken, als der Mensch.

Multifunktionalität statt Monofunktionalität

In der Technik hat jedes Teil seine ihm bestimmte und abgegrenzte Funktion: Zylinder, Kolben, Dichtung, Ventile und Antrieb sind untereinander nicht austauschbar und ihrer Funktion streng definiert. Die Natur baut auf fließende Übergänge und Redundanz in der Funktion. Eine eindeutige Funktions-Abgrenzung ist bei vielen Teilen nicht möglich. Als Beispiel sei die menschliche Haut angeführt, die (neben der Lunge) als Atmungsorgan dient und zur Temperaturregelung des Körpers beiträgt (die aber auch Muskeln oder das Gehirn steuern können).

Optimierung des Ganzen statt Maximierung eines Einzelelementes

Maximieren einer einzelnen Funktion auf Kosten anderer Teile des Systems ist in der Natur verpönt. Wenn eine Forderung minimales Gewicht ist, so hat diese Forderung in der Natur keine Auswirkung auf die Stabilität. Ganz im Gegenteil.

Während etwa der Mensch bei Gewichtsproblemen in seinen Konstruktionen schnell auf leichtere Materialien ausweicht – Papier und Holz statt Stahl – optimiert die Natur auch die Form und die Menge des Materials. Bäume und Knochen können Belastungen standhalten, an die menschliche Konstruktionen auch heute noch lange nicht heranreichen. Künstliche (Hüft-)Gelenke etwa sind weit davon entfernt, das Alter der natürlichen zu erreichen. Seifenblasen sind nicht nur nach Ästhetik optimiert – die zierlichen Gebilde, die Luft mit einer hauchdünnen hoch elastischen Hülle umschließen, nehmen an Drahtmodellen automatisch die kleinstmögliche Oberfläche an – materialminimierend. Da damit auch die Spannungsverteilung optimiert (möglichst gleichförmig) ist, ist ein Optimum an Elastizität und Stabilität erreicht.

Feinabstimmung gegenüber der Umwelt

Hätte die Natur das Auto erfunden, wäre seine Lackfarbe sicher nicht einfach schwarz oder grün oder weiß. Sie würde sich mit den Jahreszeiten und der Temperatur ändern: im Winter vielleicht ein wärmendes Schwarz und im Sommer eher eine reflektierende helle Bonbonfarbe. Die zahlreichen Farb- und Form-Adaptionen an die Umgebung, die Tiere und Pflanzen in ihrer Umgebung praktisch unsichtbar machen, zählen hier genau so dazu wie die Ausprägung einzelner Funktionen an Anforderung im täglichen Leben: Menschen brauchen – im Gegensatz zu Fröschen – keine Schwimmhäute zwischen den Fingern oder Zehen, weil sie sich eher selten barfuß im Sumpf bewegen.

Vorhandene Energie optimal einsetzen

Jedem natürlichen System (Körper, Pflanze) steht eine bestimmte Menge an Energie zur Verfügung. Nach einem üppigen Essen etwa dominieren die Verdauungsprozesse als Energieverbraucher. Sollen Gehirn oder Muskeln (Bewegung) dann dazu Höchstleistung bringen, steht nicht mehr die Gesamtenergie dafür zur Verfügung. Der Organismus entscheidet nach dem Kriterium: lebenswichtig-lebenserhaltend, wie die Energieverteilung auszusehen hat.

Direkte und indirekte Nutzung der Sonnenenergie

Die Photosynthese ist das Paradebeispiel für die Nutzung der Sonnenenergie in der Natur. Sonnenlicht bewirkt eine Reaktion des Kohlendioxids der Luft, des Farbstoffs Chlorophyll und des Wassers in der Pflanze. Aus diesen Zutaten entsteht Glucose, also Zucker, und Sauerstoff. Sehr vereinfacht dargestellt.
Die Sonneneinstrahlung beeinflusst die Temperatur, die Jahreszeiten und damit den Gesamtablauf aller natürlichen Ereignisse.

Ablaufdatum und Recyclen

Plastikbecher für schnell verderbliche Produkte wie etwa Joghurt wären der Natur nie in den Sinn gekommen. Häutet sich eine Schlange, so bleiben die Reste nicht noch den nachfolgenden Generationen erhalten. Jede Verpackung, die nicht mehr gebraucht wird, weil der Inhalt sich verändert, beispielsweise wächst, findet neuen Einsatz. Der Zerfall kann durch Temperatur oder UV-Strahlung beschleunigt werden. Meist sind es organisch chemische Prozesse, die über Bakterien oder Pilze eine organische Substanz zersetzen und in einen neuen Zustand überführen, der wiederum für andere Organismen zum Lebenserhalt beiträgt.

Vernetzung statt Linearität

Bringt Ferrari ein neues Modell auf den Markt, so hat das relativ geringen Einfluss auf bereits existierende andere Automobilmarken und Modelle. Bringt man aber etwa eine Tier- oder Pflanzenart auf einen Kontinent, auf dem sie vorher noch nicht existiert hat, so wird sich das gehörig auf das Gesamtsystem Lebewesen auswirken. Denn die neue Art wird durch ihre Ernährung in den Fressen-, Gefressen-werden und Vorhandensein-Zyklus der Arten eingreifen. Das muss nicht mal ein großes Raubtier sein – auch ein an sich unbedeutendes kleiner Organismus wie das Aids-Virus kann gehörige Auswirkungen nach sich ziehen. In der Natur gibt es kaum Entwicklungen, die sich nicht auf andere Systeme auswirken.

Sehen wir uns die Design-Prinzipien am Beispiel natürlicher Verpackung an. Eine Verpackung muss stabil sein, um den Inhalt zu schützen. Sie sollte möglichst wenig Material verbrauchen und auch wenig Platz beanspruchen. Die Verpackung muss leicht zu öffnen sein, und dann möglichst schnell entweder verrotten, oder einem neuen Funktionszweck zugeführt werden können.

Alle hier und oben angeführten Kriterien sind dann erfüllt, wenn die Verpackung Teil des Systems ist, beziehungsweise zum System wird. Ein neues Blatt in einer Fächerpalme hat es schwer: ist der Stamm doch relativ hart und unwirtlich. Vor allem ist die Krone, aus der es herauswächst, der oberste Teil des Baumes, und damit Witterungen wie Sonne oder Regen unmittelbar ausgesetzt.

Bis das Blatt seine normale Größe und auch Widerstandsfähigkeit hat, muss es also gut geschützt sein. Das könnte mit einer Hülle geschehen, die es beim Entfalten später abwirft. So etwas würde vermutlich der Mensch als optimale Lösung konstruieren. Warum aber etwas generieren, das man später nicht mehr braucht, das zusätzlich Material und damit Energie verbraucht, und dann auch noch irgendwie entsorgt werden muss?

Die Lösung der Natur ist elegant und von maximaler Gesamt-Funktionalität. Die Verpackung ist das Blatt selbst. Gefaltet.

Dass Falten, etwa von Papier, die Stabilität des Materials erhöht, ist bekannt. Aber über diese Beginnerversuche ist die Natur schon lange hinaus. Komplizierte Faltstrukturen, deren Linien in sich erneut gekrümmt sind, kommen in zahlreichen Anwendungen zum Einsatz. Von der Linie zur X-förmigen Faltung, bei der die Längsrillen zusätzlich in Form aneinandergereihter V's verstärkt werden, bis zur Struktur von Bienenwaben reicht die Palette. Kennzeichen biologischer Faltkonstruktionen ist ihre Elastizität.

Anwendung fand die nach dem japanischen Physiker K. Miura benannte X-Falttechnik unter anderem bei der Verpackung und Entfaltung von Sonnensegeln in der Raumfahrt. In der Natur kommt sie bei der Entfaltung von zahlreichen Blattarten vor, oder beim Zusammenklappen der Hinterflügel von Insekten.

Interessant ist auch die Gestaltung der Oberfläche einer Ananas-Frucht. Genau besehen, ist die Faltung der einzelnen Waben von Reihe zu Reihe versetzt. So entsteht aus einer relativ weichen Frucht eine stabile

Verpackung – die Außenhaut selbst. 1000-Watt Lautsprecher-Boxen wurden erst möglich, nachdem sich die Techniker Rat bei den Bienen geholt hatten: die Lautsprechermembranen sind nach dem Prinzip der Bienenwaben gebaut.

Eisbären können tagelang schwimmen ohne auszuruhen. Etliche hundert Kilometer von der nächsten Küste hat man die Nordpolarbewohner schon gesichtet. Und dabei legen sie rund 10 Kilometer in der Stunde im eisigen Meereswasser zurück. Eine beachtliche Leistung für Tiere, die 400 bis 700 Kilogramm wiegen.

«Es sieht völlig mühelos aus, wenn Nanook ("der weisse Bär") sich im Wasser bewegt. Die Umrisse des Bären durchpflügen die See wie der Bug eines Schiffes.» (Charles T. Feazer)

Im Vergleich zu anderen Bären, sind Eisbären größer. Ein langer Hals verbindet den gedrungenen Körper mit dem relativ kleinen Kopf. Weder eine ausgeprägte Schulter noch ein erkennbarer Brustteil ist sichtbar. Die langen O-Beine treffen direkt am Körper zusammen. Das alles ergibt von der Seite gesehen oder von oben eine im Wasser höchst effektive Keilform.

Der keilförmige Körperbau hat (wie bereits gewohnt beim Design der Natur) noch einen weiteren Vorteil: Er macht den herannahenden Eisbären für seine Beute von vorne kaum sichtbar.

Formgebung ist natürlich nicht nur bei der Fortbewegung in der Luft und im Wasser wichtig. Auch in der Statik hat uns die Natur einiges voraus. Knochen sind hochstabile Strukturen: so verläuft etwa beim Oberschenkelkopf und -hals die Struktur der Knochenplättchen analog den Richtungen der höchsten Zug- und Druckbelastung. Technisch umgesetzt nennt sich diese erfolgreiche Entwicklung "Biegeentlastung durch spannungstrajektorielle Rippen". Anzusehen ist das in einem Hörsaal der Universität Freiburg als hochbelastbare Betonrippendecke.

Architektur ist sicher eines der Fachgebiete, bei denen Form (im Sinne von Ästhetik) und Funktion eins sein müssen. Den Vorstellungen des Architekten muss auch das Material und seine Verarbeitung sowie die Konstruktion des Bauwerkes entsprechen. Frei Otto (geb. 1925) hatte schon seit jeher die Idee, dass seine Bauwerke nur so lange bestehen sollen, "dass sie dem Menschen nicht im Wege sind". Auf der Bundesgartenschau Kassel 1955 erhält er die Chance, temporäre Überdachungen zu schaffen. Otto entwirft einen Musikpavillon, der im wesentlichen nur aus einem Dach besteht. Das allerdings hatte es in sich.

Ein rund einen Millimeter dickes Baumwollgewebe überspannte 18 Meter Länge – eine wesentlich größere Fläche, als im Zeltbau für freie Tuchspannweiten damals üblich war. Die sattelförmige Minimalfläche blieb während des gesamten Sommers bestehen und erwies sich selbst bei starken Sturmböen als recht haltbar. Selbst die Akustik stimmte: Die nach allen Seiten offene Form verwöhnte auch Spaziergänger außerhalb des Pavillons mit den Klängen.

Die Theorien der zugbelasteten Konstruktionen hielten dem Praxistest auf zahlreichen Ausstellungen stand, und Otto's Bauten wurden von der Fachwelt wohlwollend aufgenommen. Man bewunderte die Zurückhaltung, die Leichtigkeit und Einbindung der Zeltbauten in die Natur.

Auf der Bundesgartenschau in Köln 1957 präsentierte der Bionik-Architekt einen Entwurf, der eher an ein in die Luft geschleudertes Seidentuch erinnert als an ein Bauwerk das, mit ähnlicher Funktionalität in Beton ausgeführt, viele Tonnen wiegen würde. Fast 700 Quadratmeter überdachte Otto mit Glasseidengewebe. Das hatte gegenüber Baumwollgewebe den Vorteil, sich unter Belastung kaum zu dehnen, so dass Knickbelastungen durch den Stahlrohrbogen wegfallen.

Wohl am bekanntesten sind Ottos Konstruktionen im Münchner Olympiapark (1968 – 1972). Eigentlich war Frei Otto an diesem Baukomplex gar nicht beteiligt. Das beauftragte Architekturbüro wollte ein Bauwerk komplett aus Spannbeton fertigen mit einer Seilnetzkonstruktion in Fachwerkbauweise. Allerdings waren die ersten Schritte wenig erfolgreich. Und so kam Otto mit ins Spiel. Obwohl er anfangs auf Widerstand bei den beteiligten Ingenieuren stieß, setzte sich schließlich die leichteste und beständigste Lösung durch. Seine.

Beim Seilnetzdach der Olympiahalle ist interessant, dass sie trotz der großen Überdachungsfläche von fast 20000 Quadratmetern keine Stützen im Inneren benötigt. Die Schwimmhalle wurde als zeltartiger Bau mit je zwei Hoch- und Tiefpunkten ausgeführt. Um trotzdem so flach wie möglich zu bleiben, sind die Schwimmbecken in den Boden versenkt. Mit 34500 Quadratmeter Fläche und der Vorgabe, keine Stützen im Innenraum oder der Tribüne zu platzieren, war das Olympiastadion sicher die größte Herausforderung. Der trotzt es auch heute noch unter dicken Schneedecken im Winter und an heißen Sommertagen.

Das Analogen zu den stabilen ästhetischen Leichtbauten liefern in der Natur die Spinnen. Manche Arten bauen glockenförmige Netze, die mit Fäden – analog zu Ottos Masten – von Trageelementen abgestrebt sind.

Hier lief der bionische Prozess übrigens einmal anders rum: Die Idee hinter den Spinnengeweben verstand man erst, als Frei Otto seine Konstruktionen der Hängenden Dächer präsentierte.

Der praktische Klettverschluss existierte schon lange, bevor der Schweizer Ingenieur George de Mestral die Idee auf Stoffe anwandte. De Mestral hatte sich auf einer Wanderung geärgert, dass Klettenfrüchte mit Hartnäckigkeit an seiner Kleidung kleben blieben. Also ging er der Sache auf den Grund und fand, dass kleine Häkchen auf der Oberfläche der Frucht sich innig mit dem faserigen Stoff verbanden.

Keiner im Freundeskreis nimmt de Mestral ernst, als er gemeinsam mit einem französischen Textilfachmann den Klettverschluss entwickelt: Zwei Oberflächen, eine mit Häkchen, die andere mit Minischlingen für die feste Verbindung auf Druck. Erst der Erfolg gab dem hartnäckigen Ingenieur recht.

Während das natürliche Vorbild Abnutzungen durch simples Nachwachsen und Grunderneuern (Frucht verrottet und neue wächst nach) beseitigt, hat die künstliche Kopie damit Probleme. Nach einigem Gebrauch haben die beiden Oberflächen schnell genug vom innigen Aneinanderkleben. Das liegt allerdings weniger an den Häkchen, sondern mehr am Verfilzen der Schlingen. Abhilfe schafft ein "Kurzhaarschnitt" des weichen Teiles mit einer Schere.

www

suchbegriffe
Frei Otto
Olympia archite

Die Natur kennt optimale Scharniergelenke bei Muscheln, die zwar eine Auf/Zu-Bewegung unterstützen, aber gleichzeitig Verdrehungen und Verschiebungen der Schalen gegeneinander verhindern. Sie kennt reibungsarme Kupplungen – etwa zwischen Vorder- und Hinterflügel von Wanzen, Falzverbindungen bei unterschiedlichen Käferarten, mechanische Kopplungen von Sprungbeinen über Zahnradscheiben (Sprungwanze).

Es gibt auf praktisch allen Gebieten des täglichen Lebens zahlreiche Beispiele, in denen Techniker und Designer sich den Vorsprung der Natur zu Nutze machen und die entwickelte Funktion nach ihren Vorstellungen und Wünschen umsetzen können. Wer mit offenen Augen und Ohren durch die Welt geht, wird auch in seiner Umgebung genügend Beispiele finden. Eine gute Quelle für anschauliche Analogien zwischen Technik und Natur sind die Publikationen von Werner Nachtigall.

Und nun noch einige Worte zum eingangs erwähnten Berechnungsproblem des trägerlosen Abendkleids:

Der Autor, nach der Art der Formeln und der Kräfteverteilung in seinem Originalbericht zu urteilen, offensichtlich entweder ein statikliebender Bauingenieur oder ein Theoretischer Physiker, hat bei seinen Überlegungen und Voraussetzungen einige wesentliche Dinge außer Acht gelassen.

So sieht ein trägerloses Abendkleid nur gut aus, wenn die Dame darin entsprechend wohlgeformt ist – falls mangelnder Straffheit nicht künstlich durch (Plastik-)Verstrebungen nachgeholfen werden darf. Und wenn der darunterliegende Körper gut gebaut ist, dann hat das figurbetont geschnittene Kleid kaum eine andere Chance, als eng den Konturen zu folgen und dementsprechend den Körper zu bedecken. Statt herabzufallen. (Praxisbericht einer ExperimentalphysikerIN).

*Es liegen stets mehrere Ebenen in einer Antwort.
Man muss nur die richtige Frage stellen.*

*Sieh mit anderen Augen. Eine andere Sichtweise schafft
neue Fakten.*

*Für einen Beginner des Fliegens gibt es so viel zu ent-
decken in diesem Universum.*

Perspektive ist, eine neue Frage zu stellen.

Wo finde ich neue Fragen?
In den Antworten.

*Ich möchte, was ich gelernt habe, mit anderen teilen.
Möchte andere Menschen mit meinen Gedanken
anspornen.*

Was ist Erfolg?
*Erfolg ist Ansichtssache. Dinge existieren, wenn du sie
siehst.*

*Auf welche Arten können wir uns gegenseitig beein-
flussen? In welcher Form?*
Wie zeigt sich Erfolg?

Das sind meine Fragen.

7

«Immer ein Lächeln zu bewahren», erklärte die Französin Jeanne Calment 1997 in einem Interview anlässlich ihres 122. Geburtstages als Lebensrezept: «Ich habe nie mehr als eine Falte besessen und auf der sitze ich gerade».

Der Jumbo mit Haihaut

Die Vorspeise beim Italiener war schuld. Das zierliche Muster auf den Muscheln ließ Hans Meinhardt nicht in Ruhe. Kunststück. Beschäftigt er sich doch tagsüber am Max-Planck-Institut für Entwicklungsbiologie mit Mustererkennung. Die roten Linien auf den Muscheln «sahen aus wie ineinander geschachtelte "W's"».

Meinhardt testet daraufhin mathematische Modelle, die am Institut zur Beschreibung elementarer Schritte in der Entwicklung höherer Lebewesen erstellt worden waren, ob sie auch bei den Linien auf den Meerestieren funktionieren. Volltreffer. Das Muster auf der Vorspeise war offenbar das Ergebnis eines allgemeinen Prinzips zur Mustergenerierung.

Tropische Meeresschnecken sind die nächste Herausforderung. Allerdings ist deren «sorgfältige Kompliziertheit» nicht mehr so einfach mittels elementarer Mechanismen erklärbar. Keiner weiß, welchen Sinn die Muster haben. Meinhardt: «Man kann davon ausgehen, dass die Schalenmuster keinem grossen Selektionsdruck unterliegen. Variationen sind möglich, ohne dass sie die Lebensfähigkeit der Tiere stark beeinflussen würden.»

Nach Methode Trial und Error entwickelt Meinhardt unterschiedliche Modelle, um die komplexen Muster am Computer zu generieren. Er erkennt, dass die schwungvollen bunten Linien durch Überlagerung mehrerer musterbildender Reaktionen entstehen. Aus ihrer Vielfalt ergibt sich das «Bilderbuch der Natur».

Wenn minimale Änderungen der Ausgangsbedingungen zu völlig anderen Ergebnissen führen können, sind alle Arten von Evolutionären Strategien fehl am Platz. Das hatten wir bereits im Kapitel: Werkzeuge der Bionik (5) festgestellt. Sogenannte dynamische Systeme, bei denen in Grenzschichten auf einmal vollkommen andere Fortsetzungen entstehen können, werden daher durch andere Methoden beschrieben, etwa der Chaostheorie.

Wetter ist einer der natürlichen Prozesse, die per se nicht auf lange Zeit vorhersagbar oder berechenbar sind, obwohl jede Entwicklung durch die vorhergehenden Bedingungen eindeutig vorgegeben ist. Schon minimale Änderungen in den Ausgangsbedingungen können zu einem völlig anderen Ergebnis führen. Selbstverstärkende Prozesse in Grenzbereichen führen zu einer Dynamik des Systems, die von der Ausgangslage fast vollkommen unabhängig zu sein scheint.

Besonders knifflig wird eine Vorhersage (und damit die technische Umsetzung der natürlichen Vorgänge), wenn (menschliche) Gefühle und Denken eine Rolle spielen, wie etwa bei der Wahnehmung. Was Augen sehen, ist die eine Sache. Was das Gehirn wahrnimmt, eine möglicherweise vollkommen andere. Mit diesem Phänomen werden wir uns in späteren Kapiteln über Sensoren und das Gehirn auseinandersetzen.

Ob die Nase und die kleinen Knopfaugen schwarz sind, damit der Eisbär seine Eisbärin im Schnee wiederfindet («Warum die Eisbären schwarze Nasen haben»), lassen wir mal dahin gestellt. Dass die Haut unter dem weiß schimmernden Pelzkleid aber rabenschwarz ist, hat Gründe. Denn das Fell des größten Raubtieres der Erde ist nicht weiß, auch nicht blassgelb, sondern durchsichtig. Die einzelnen Haare sind hohl. Warum der Pelz dennoch weiß erscheint, dafür gab es seit den 70er Jahren etliche namhafte wissenschaftliche Untersuchungen (University of Guelph in Canada und University of Oslo) und Veröffentlichungen (u.a. New York Times, Time Magazine...), die auch heute noch standhaft in vielen Publikationen veröffentlicht werden.

So sollen die durchsichtigen Haarröhren als Lichtleiter fungieren und das Sonnenlicht direkt auf den schwarzen Untergrund leiten, der sich dadurch erwärmt. Die weiße Farbe soll durch einen Effekt entstehen, den wir von verkratztem oder geschliffenem Glas kennen: Das Licht fällt durch die transparente Außenhaut und kann durch die innen aufgeraute Oberfläche nicht mehr entweichen. Es wird an der Innenwand reflektiert und dabei im Haar festgehalten. Eine perfekte Lichtfalle. Eisbärenfelle wandeln einstrahlendes Licht zu 95 Prozent in Wärme um, der Wirkungsgrad von guten Sonnenkollektoren liegt bei 40 Prozent. Soweit die eine Theorie. Sie kam auf, als Wissenschaftler feststellten, dass weiße Eisbären auf UV-empfindlichen Filmen recht gut aus dem weißen Schnee hervorstechen – der reflektiert nämlich 90 Prozent des Lichts.

Messungen an der St. Lawrence University (New York) von Daniel Koon zeigten aber, dass, gegen der landläufigen Meinung, nur weniger als ein Tausendstel der Strahlen des roten Endes des sichtbaren Lichtbereiches, die auf den Eisbären auftreffen, bis an die Haut gelangen. Ultraviolettes Licht hat sogar noch eine wesentlich geringere Reichweite innerhalb des Eisbärenhaares.

Koon erklärte den Farbeffekt am Bärenhaar analog zu einer Glasscheibe: «Wir können durch ein Fenster hindurch sehen, aber wenn wir viele Glasscheiben aufeinander stapeln, sieht der entstehende Glasberg grün aus».

www

suchbegriffe
fiber optics bear
lichtleiter eisbär
optic polar bear
Daniel Koon
Reid Hutchins

webadresse
web.stlawu.edu

Was passiert nun mit dem UV-Anteil, wenn er nicht bis zur schwarzen Haut durch dringt? Nach Meinung von Forschern der Penn State University (Pennsylvania, USA) wird er vom Haar absorbiert, durch dessen hohen Keratinanteil. Wohin die Sonnenenergie entfleucht, die nach Koons Forschungen in wenigen Millimetern bereits im Haar absorbiert ist, darüber hat sich offensichtlich bisher noch keiner Gedanken gemacht. Wird sie direkt als Wärme gespeichert, oder gibt es eine Umwandlung über chemische Prozesse? Hier ist neugieriger Forschergeist gefragt.

Nils Are Oritsland hatte 1980 zumindest einen sinnvollen Grund für das hohle Fellhaar gefunden und untersucht: Beim Schwimmen füllen sich die Kapillare und der Zwischenraum zwischen den einzelnen Haaren einmal mit Wasser. Dies bildet ein beständiges Fell-Wasser-Kissen, das die Wassertemperaturen (knapp unter dem Nullpunkt) von der Körperwärme isoliert. In die Evolutionstheorie passt diese Hohl-Haartheorie allerdings weniger gut: weisen doch auch Grizzlis (Braunbären), von denen Eisbären vor mehr als 100000 Jahren abstammten, die gleiche Hohlheit ihres Pelzes auf. Und die meiden Wasserausflüge wie die Pest.

Die ursprüngliche Erklärung der Lichtleiter hatte einiges für sich: sie passte perfekt in das optimale Design der Natur und der Mensch hatte die Gründe dafür verstanden. Sie wies nur einen Schönheitsfehler auf: sie stimmt nicht. Und sie hatte einen logischen Pferdefuß: Warum sollte gerade in einer Gegend, in der es fast das ganze Jahr über dunkel und kalt ist – und wenn es hell ist, dann sowieso viel zu warm für einen dicken Pelz – das Licht zur weiteren Erwärmung beitragen? In der Natur hat alles seinen Sinn, scheinbare Unlogik bedeutet nur, dass wir noch nicht alle Fakten und Gründe kennen, warum sich in der Evolution ein bestimmtes Design durchgesetzt hat.

Eine unbestrittene Nebenwirkung besteht jedenfalls: der Schütteleffekt des langen Deckhaares. Mangels eines liebevollen Menschens, der ihm das Handtuch reicht, wenn er den eisigen Fluten entsteigt, muss ein Eisbär eine andere Lösung suchen, um so schnell wie möglich wieder trocken zu werden. Er schüttelt sich. Dabei perlt das Wasser von den langen wachshaltigen (Keratin) Deckhaaren perfekt ab. Die Funktion «Wärmen» ist in der Natur eben auf vielfältige Weise realisiert.

Lange Deckhaare (etwa 15 Zentimeter) sind umgeben von kurzem, eng am Körper anliegendem, dichten Haarkleid. Dieses speichert die Wärme aus der Sonnenenergie so effizient, dass Eisbären im Sommer aktiv gegen Überhitzung ankämpfen müssen. Da tut ein Sprung ins kalte

Wasser wahre Wunder. Oder auch eine langsame, gleichmäßige Fortbewegung.

Im Juni 1999 werden Wilhelm Barthlott und Christoph Neinhuis mit dem Philip Morris Forschungspreis ausgezeichnet. Dies ist nicht nur finanziell für die beiden Forscher des Botanischen Instituts der Universität Bonn eine nette Angelegenheit, sie zeigt auch, dass ihrer wissenschaftliche Arbeit eine zukunftsweisende Idee zugrunde liegt. Diese ist einfach, aber so fremd, dass kein anderer auf den Gedanken kam, sie zu verfolgen. Barthlott: «Um als Erfinder Bahnbrechendes zu vollbringen, muss man nicht intelligenter sein als die anderen – man muss nur Denkbarrieren überwinden können».

www

suchbegriffe
Lotus effekt
Wilhelm Barthlott

webadressen
www.botanik.uni-bonn.de/biodiv/
www.botanik.uni-bonn.de/system/bionik.htm
www.colloid.de

Schon vor 22 Jahren hatte Barthlott Erhebungen auf der Oberfläche von Lotusblättern entdeckt, die das Haften von Teilchen verhindern. Genauer gesagt, tropft eine Flüssigkeit nicht nur ab, sondern reißt alles mit, was an der Blattoberfläche pappt: Schmutz, Tierchen…

Auf den ersten Blick sollte man meinen, dass für eine derartige Wirkung die Oberfläche hoch poliert und glatt sein müsste. Weit gefehlt. Millionen von kleinen Beulen kennzeichnen die Blattoberfläche. Unter dem Mikroskop sieht die Blattoberfläche aus wie ein französischer Garten oder eine Oberfläche mit Gumminoppen. Aber es ist nicht nur die Ausprägung der Oberfläche, es ist auch ihr Material: wie bei Pflaumen oder Weintrauben, besteht die äußerste Schicht aus dem hochpolymeren stabilen Fettsäureester Cutin, oder etwas profaner ausgedrückt: Wachs.

Die kleinen Bäumchen im Mikroskop helfen also durch ihre Form, wenn das (Regen-)Wasser darüber fließt und durch ihre Konsistenz, blattfremde Teilchen von der Oberfläche abzuspülen. Das ist nicht nur für die Lotuspflanze praktisch – der selbstreinigende Effekt ist auch im Alltag vielfach einsetzbar. Beschichtungen für Autos, Häuserfassaden – bis hin zum klebfreien Honiglöffel – der Phantasie sind keine Grenzen gesetzt. Die erste kommerziell erhältliche Hausfarbe auf Basis des Lotusblatt-Effektes kam 1999 auf den Markt ("Lotusan").

Eigentlich ist es erstaunlich: die Menschheit hat so viele geniale technische Entwicklungen und Erfindungen hervorgebracht. Für so etwas Simples und Alltägliches wie Selbstreinigung von verschmutzten Oberflächen aber hat sich lange Zeit kaum jemand interessiert. Die einzige technische

Lösung hierfür war Polyfluortetraethylen, besser bekannt als Teflon. Teflon ist nicht sehr widerstandsfähig und kann nicht mit anderen Farben (wie beispielsweise für Autolacke gewünscht) gemischt werden. Zudem ist sein Fluorgehalt von 76 Prozent etwa bei zerkratzten Kochtöpfen nicht besonders gesundheitsfördernd.

Auch Schiffe mit Bart ("Fouling") gefährden die Umwelt. Über die gefahrenen Seemeilen wächst der Belag an Algen, Seepocken und Muscheln am Rumpf. Weil sie den Fahrtwiderstand und damit den Kraftstoffverbrauch erhöht, ist diese Unterwasserwelt nicht gern gesehen. Bisher war das beliebte Mittel dagegen TBT (Tributylzinn), das nicht nur giftig ist, sondern auch mit seiner hormonähnlichen Wirkung vor allem den Bestand an Meeresschnecken stark dezimiert.

Gift kann kein Allheilmittel sein. Nun testet man Antifoulingfarben, die den Bewuchs verhindern sollen. Die funktionieren im Gegensatz zum Lotuseffekt nicht auf einer gerippten Oberfläche, sondern auf dem Abschäl-Prinzip. Am Max-Planck-Institut für Kolloid und Grenzflächenforschung in Teltow entwickelte man eine Schicht, die sich in die Poren- und Öffnungen der ursprünglichen Oberfläche schmiegt und nach außen eine möglichst homogene Schichte bildet. Wird nun auf die neue Außenhaut mit einem Farbspray gesprüht, oder haben sich Tierchen angesiedelt, so kann man diese gemeinsam mit der aufgetragenen Schicht von der ursprünglichen Substanz abziehen und mit Wasser (unter Druck) abspülen. Und danach, wenn gewünscht, eine frische Schutzschicht aufbringen.

Diese Polymer-Lacke haben auch einen Fluoranteil – zur Abweisung wässriger und öliger Substanzen. Der liegt allerdings um Größenordnungen unter dem des Teflons: 800 Teile Fluor kommen hier auf 1 Million Teile Lack. Erste Einsätze dieser Technik gibt es im Rennsport: Schi-Imprägnierung individuell abgestimmt auf die Schneeart verhalf 26 Weltrangläufern in der Saison 1998/99 zu Medaillen.

Fahrradreifen haben zwar wenig mit natürlichem Design zu tun. Etwas scheint jedoch direkt von der Natur abgeschaut: Wer ein Fahrrad kauft, erhält normalerweise auch ein Flickzeug dazu. Was bei der leicht zerkratzbaren Teflonpfanne eher selten der Fall ist: hier geht der Hersteller wohl davon aus, dass sein Produkt entweder ewig hält, oder komplett entsorgt wird, wenn ein Kratzer sichtbar ist.

Mit Verschwendung hat es die Natur nicht so. Kein Baum würde sein jahrzehntelanges Wachstum einstellen und absterben, nur weil zwei Verliebte ihn mit einem Herzchen verzieren. Oder weil ein Sturm Äste abknickt.

Selbsterneuerung gehört hier zur Basis guten Designs. Und damit haben alle künstlichen Nachbauten, die sich an natürlichen orientieren, ein Problem. Denn tote Materie wächst nun mal nicht nach.

Ein einmal aufgetragener Belag mag noch so gut sein. Mit dem Gebrauch und der Abnutzung werden Spuren auftreten und seine Perfektion beeinträchtigen. Das Lotusblatt wird seine Oberfläche sofort regenerieren, sobald sie beschädigt wird. Jeder tote Gegenstand ist die Summe aller Beeinflussungen, die er im Verlauf seiner Existenz erfahren hat.

Das mussten auch Forscher vom Institut für Luft- und Raumfahrt der Technischen Universität Berlin erfahren, die einen Airbus A320 und eine Boeing 767 (Tragfläche) mit Absaugdüsen bestückten. Zwar erreichten sie mit den im Millimeterabstand platzierten Minidüsen Kerosineinsparungen bis zu 15 Prozent. Leider verstopfen die Löcher mit zunehmendem Gebrauch, so dass sie sehr schnell wirkungslos wurden. Die Düsen sollen, über Drucksensoren aus piezoelektrischer Folie gesteuert, kleine Wirbel schlucken und damit einen gleichmässigen Strömungsverlauf über Fläche und Seitenruder sicherstellen. Vorbild für die Mini-Turbulenzvernichter sind Krähen, die jede ihrer Federn den Flugbedingungen entsprechend anpassen können.

Grenzschichtabsaugung nennt sich dieser Versuch, sich an die strömungsgünstigen Formen und Arten der Natur anzunähern. Je länger eine laminare ("homogene Strömung ohne Wirbel") Strömung an einer Tragfläche oder einem Leitwerk anhaftet, umso geringer ist der Reibungswiderstand und damit auch der Treibstoffverbrauch.

Zu diesem Zweck hatten auch Airbus-Ingenieure 0,06 Millimeter feine Löcher im Abstand von einem halben Millimeter auf die Vorderkante eines Leitwerks aufgebracht. Die perforierte Titan-Anströmungskante saugt während des Fluges Luft ins Leitwerk, die sonst auf der Oberfläche ungewünschte Wirbelchen und Turbulenzen bilden würde. Wenn sich das Hybrid-Laminar-Flow-Versuchsprogramm am Seitenleitwerk (das ist die senkrechte Fläche hinten am Flieger) des A320 bewährt, soll es auch auf den Tragflächen ausprobiert werden.

Laminare Strömung und Wirbel

Laminare und turbulente Strömung sind Gegensätze. **Laminar** heißt, das Medium (Luft oder Wasser) fließt mit gleichbleibender Geschwindigkeit und Druck über den Gegenstand. Wobei es physikalisch egal ist, ob der Gegenstand ruht und Wind darauf geblasen wird (Windkanal) oder sich etwa ein Flugzeug in "ruhender" Luft bewegt. Analog gilt das auch für Wasser.

Bei **Turbulenzen** ändern sich Strömungsgeschwindigkeit und die Drücke innerhalb weniger Zentimeter rapide und stark. Turbulenzen sind gekennzeichnet durch Wirbel und durch Leistungsverluste aus Reibung.

Markanter Begriff der Strömung ist die **Reynoldszahl**. Sie ist abhängig vom Strömungsmedium und der Geschwindigkeit. Reynoldszahlen sind gering bei laminarer Strömung und groß bei Turbulenzen. Der Punkt, an dem die Strömung von laminar zu turbulent umschlägt, ist die kritische Reynoldszahl.

An den Tragflächen bildet sich zwischen Oberfläche und Strömung eine Geschwindigkeits-**Grenzschichte** aus, die unter anderem den Reibungswiderstand des Körpers bewirkt. An der Nase, der Auftrefflinie der Strömung, ist diese zunächst laminar und widerstandsarm.

Kleine Störungen der Anströmung oder Unregelmässigkeiten in der Oberfläche verursachen einen Übergang zur widerstandsreichen turbulenten Grenzschicht. Weltweit ist es Ziel vieler technischen Forschungsstätten, diesen laminar-turbulenten Übergang ("transition") solange wie möglich hinauszuzögern.

Da Flugzeuge (noch?) nicht die Form ihrer Tragflächen so perfekt wie Vögel über einzelne Federn individuell an eine Flugphase anpassen können, müssen eben statische Krücken her. Die Ausbildung der Tragflächenenden zu sogenannten Winglets, Wirbelkeulen oder Endscheiben zwingt die Strömung zu einem Umweg. Anstatt am Flügelende abzureißen, wird sie nach oben oder unten abgelenkt. Dazu reicht jedoch ihre Energie nicht aus, so dass sich die in der Luftfahrt gefürchteten Randwirbelzöpfe mehr oder minder "in Luft auflösen".

Wissenschaftler der DASA und der DLR arbeiten mit Elan an einem Adaptiven („anpassbaren") Flügel. Damit würde ein Airbus A340 auf einem Transatlantik-Flug bis zu fünf Tonnen Sprit weniger verbrauchen. Beim großen Bruder, dem A380, würden laut Computerberechnungen sogar 19 Tonnen Gewicht gespart. Neben der Kerosineinsparung entfällt bei an die Flugsituation angepassten Flügeln auch einiges an Material zum Strukturerhalt.

Der Flügel der Zukunft besteht aus einem biegsamen Faserverbund-Werkstoff (CFK) statt der heute starren Landeklappen. Die flexible Außenhaut folgt jeder gewünschten Bewegung: Auf der Oberseite können sich die CFK-Teile hydraulikgesteuert, stufenlos um bis zu 16 Zentimeter nach oben und unten verbiegen. Die Flügelunterseite haben die Wissenschaftler nach dem Vorbild: Vogel gestaltet: Schuppenförmig schmiegen sich hier die CFK-Platten ineinander. Bis adaptive Flügel auf einem regulären Passagierflug zu bestaunen sind, ziehen sicher noch einige Jahre ins Land.

Statt zwei oder vier Riesen-Poren hat die Haut viele Milliarden kleinster Öffnungen zum Atmen und Ausscheiden. Friedrich Prinz von der Stanford University in Kalifornien meint, dass zwei oder vier Triebwerke zu wenig sind. Er schrumpfte Strahltriebwerke auf Millimetergröße und vergrößerte dafür ihre Anzahl: viele tausend über das Flugzeug verteilt, sollen es antreiben und sich günstig auf die Energiebilanz des Antriebs auswirken.

www

suchbegriffe
Grenzschicht
dünne Schichten
transition turbulence
boundary layer
hybrid laminar
laminar turbulent

Kleiner und dafür redundant ist besser – das dachten sich auch Wissenschaftler der University of California (UCLA) in Los Angeles, die Wirbel auf den Tragflächen mit mikroskopisch kleinen Klappen eliminieren wollen. Die Klappen hocken auf einem Siliziumchip, gemeinsam mit einem Sensor und einem Mikrochip zur Steuerung. An die Strömung angepasst, bewegen sich auf und zu. Vorbild hierfür ist die Haut von Delfinen, die die Oberfläche ihrer Haut über winzige Verformungen verändern können und dann fast reibungslos durchs Wasser gleiten.

Auch der Hai gleitet extrem flink und elegant durchs nasse Element. Den Tip, die Haihaut genauer unter die Lupe zu nehmen, bekam Dietrich W. Bechert von der DLR ("Tubulenzforschung") vom Tübinger Paläontologen Wolf-Ernst Reif. Der vermutete einen Zusammenhang zwischen schnell schwimmenden Haien und den feinen, in Strömungsrichtung verlaufenden Rillen auf ihren Schuppen. Daraufhin mißt Bechert mit Mininadeln und Mikrometerschrauben Tiefe und Breite der Rillen unter dem Mikroskop.

Nicht nur im Wasser auch in der Luft stiehlt Reibungswiderstand Leistung. Um diesen Verlust zu minimieren, entwickelt Bechert gemeinsam mit der "Post-It"-Firma 3M eine Folie mit trapezförmigen Rillen für einen Airbus. Seit drei Jahren fliegt nun ein zu 30 Prozent beschichteter A340 der Cathay Pacific seine Strecken. Nach Angaben von Airbus hält sich die Fluoro-Polymer-Folie gut und spart messbar Sprit.

Nach Becherts Berechnungen sind das bei einem A340-300 rund drei Prozent. Bei einem Langstreckenflug muss die Crew somit rund 2,4 Tonnen weniger Kerosin tanken. Dafür können 15 Passagieren mehr an Bord. Und daran hat wohl jede Fluggesellschaft großes Interesse.

Dass die Rillen auch auf Flugzeugen wirken, scheint nun bewiesen. Wie sie genau wirken, ist allerdings nicht mal bei den Haien gänzlich erforscht. Sehr vieles in dieser Theorie ist durch Annahmen gekennzeichnet. Jedenfalls wirkt sich die Riefung positiv auf eine Verminderung des Reibungswiderstandes der Oberfläche aus. Auch der Lotuseffekt scheint sich hier zu zeigen: Verschmutzungen sind kein Problem. Die Folie reinigt sich über die Rillen praktisch selbst.

Klebefolien haftet nicht unbedingt das Image der Beständigkeit an. Mindestens fünf Jahre, so ein Airbus-Ingenieur müsste sie jedoch halten – das ist der Zeitraum zwischen den Neulackierungen der Flieger. Denn weder die Kosten noch das Gewicht der Folie sind nennenswert. Der Stillstand des Flugzeugs für drei Tage zum Aufbringen der Folie könnte allerdings den Einsparungseffekt zunichte machen. Kwing-So Choi von der Universität Nottingham brachte das auf eine Idee: «Warum bekleben? Könnte man die Riefung nicht direkt auf das Metall aufbringen?» Für alle Fälle ließ der Forscher seine Idee patentieren. Die Folie soll ab 2001 kommerziell verfügbar sein.

«Dünne Schichten als Sonnenkollektoren» – da vermutet man doch sofort knochenharte Technik dahinter. Dabei geht es hier erneut um die Oberfläche von Schmetterlingen und Faltern. Wissenschaftler der Tufts University in Massachusetts befassten sich mit Halbleiter-Platinen (Wafers), die während des Herstellungsprozesses ungewöhnlich heiß wurden. Die Wafers zeigten veränderte Emissionswerte in ihrer Wärmeabgabe an die Umgebung – und das um einige Prozent.

Nun ist Bionik keine Geheimwaffe mehr. Und da man annahm, dass die festgestellte Änderung durch die dünne Beschichtung entstanden war, suchte man in der Natur nach Vergleichbarem. Die Forscher entdeckten Schmetterlingsarten mit irisierenden Schuppen. Deren Schillern war lange Zeit durch die abwechselnden Schichten aus Luft und Chitin erklärt worden.

www

suchbegriffe
Bechert Dinkelacker
Wilhelm Barthlott
shark skin
biological surface
riblet

Nach Ioannis Miaoulis und Bradley Heilman dient die irisierende Oberfläche primär als Hitzeschild für die Insekten. «Die dünnen Schichten der Schmetterlinge fungieren als Sonnenkollektoren» schlossen die Wissenschaftler der Tufts University. Wenn die Schuppen es tatsächlich schaffen, Temperaturunterschiede in der dünnen Oberflächenschichte auszugleichen, wäre das die Lösung für die eingangs erwähnten Probleme in der Chip-Herstellung. «The Lab, where Madame Butterfly meets Mr. Chip» titelte denn auch die Business Week im Januar 1995 ihren Bericht.

Es soll erwähnt sein, dass es in Forscherkreisen auch kritische Stimmen zu obigen Untersuchungen gibt. Wie in so vielen Bereichen bionischer Anwendung, steht die Wissenschaft auch hier erst am Beginn des Sehens und des Verstehens. Wir dürfen gespannt sein, was in der Zukunft letztendlich dabei herauskommt.

Auch in Jena untersuchen Physiker und Chemiker die Erzeugung und Veränderung von hauchdünnen Halbleiterschichten. Höchstens einen halben Millimeter Dicke weisen die Polymer- und Glasschichten auf, deren gezielte optische Eigenschaften für künftige Kommunikationstechnologien von Bedeutung sind.

Die Natur macht es dem Menschen nicht leicht. Selten sind ihre Strategien offensichtlich, warum eine Form oder Ausprägung genau so und nicht anders gewählt wurde. Sie gibt uns Rätsel auf, scheint mit uns zu spielen.

Über die perfekte Spindelform der Pinguine haben wir bereits im letzten Kapitel berichtet. So sollen Adelie-Pinguine mit der Energie, die einem Liter Benzin entspricht, und 1500 Kilometer weit schwimmen können. Dabei können sie kurzfristig bis zu sieben Stundenkilometer schnell schwimmen – etwa dreimal so schnell wie amerikanische Kraul-Weltrekordler Tom Jager.

Jetzt ist wieder eine Horizonterweiterung gefragt: Denn die Haut der Tiere ist nicht glattpoliert wie eine Tragflächennase, sondern weist Rillen auf. Wie die Arbeitsgruppe «Polarbionik» an der TU Berlin feststellte, entsteht der extrem geringe Widerstandswert genau dann, wenn der Pinguin turbulent umströmt wird. Und nicht strömungsgünstig laminar laut Lehrbuch.

Die Turbulenzen entstehen durch Unregelmässigkeiten am Schnabel der Tiere. Die Pinguine werden von der Schnabelspitze bis zur Schwanzflosse rein turbulent umströmt. Der als Spindel abstrahierte Körper aus der Form der Pinguine im Wasser weist jedoch extrem laminare Umströmung auf. Strömungsmechanisch sind das zwei komplett verschiedene Paar Stiefel. Eine unter bestimmten Randbedingungen optimierte Form bietet somit auch das Optimum für Formen unter ganz anderen (technisch gesehen vollkommen entgegengesetzten) Bedingungen.

Auch hier bewegt sich der wissenschaftliche Stand trotz zahlreicher ausgiebiger Messungen und Berechnungen auf Vermutungen. So soll die von Anfang an turbulente Umströmung verhindern, dass "die laminare Strömung durch die rauhen Umweltbedingungen und die aktive Bewegung der Tiere unbeabsichtigt abreißt".

Nun ja. Vielleicht sind unsere Umdenkprozesse, ist unsere Erweiterung des Horizontes, einfach noch nicht groß genug. Jedenfalls scheint gerade bei der Optimierung der Oberflächen(struktur) die Natur uns einiges voraus zu haben.

Wenn mein Erfolg mein Traum ist, dann bin ich ein Erfolg.

Perspektive ist die Betrachtung aus einem anderen Gesichtspunkt.

Wie kann ich ohne Anleitung feststellen, wann ich mit neuen Augen sehe?

Es gibt immer einen Leitfaden, den man ignorieren kann. Jede vorgegebene Struktur bildet eine Barriere, die erst überwunden werden muss.

Perspektive ist das Tor in eine neue Welt. Ist das meine Türe?

Meine Sichtweise ist geprägt von Werten, Glaubenssätzen und Vorsätzen. Ich sehe, was ich erwarte.

Oder ich sehe das genaue Gegenteil – denn das Gegenteil ist immer auch Teil des Ursprünglichen.

8

Man unterscheidet sie an ihrem Gang, dem sogenannten Wellengang. Wellen südlicher Gewässer bevorzugen einen lässigen, wiegenden Gang, die der Nordmeere eher einen strammen, zügigen, wegen der Kälte und der Gefahr, zur Eisscholle zu gefrieren. Hawaiianische Wogen scheinen sich im Takt von Rumbakugeln zu bewegen, schottische in langen Reihen zu unhörbarer Dudelsackmusik zu marschieren.

Walter Moers ("Die 13 1/2 Leben des Käpt´n Blaubär")

Alles rennet, rettet – fliegt

Denkt man an Roboter und Krimis, so kommen vermutlich zunächst futuristische Erzählungen wie etwa Isaac Asimov's Robotermärchen in den Sinn. Sie spiegeln das menschliche Wunsch- (und Furcht-)Denken über die Jahre wieder, was künstliche Kreaturen können werden. Manches ist heute bereits Realität. Vieles allerdings unbemerkt von der allgemeinen Öffentlichkeit, da Militärs Informationen über ihre ferngesteuerten Drohnen in der Luft und im Wasser, und ihre sonstigen Kreaturen auf dem Gebiet der künstlichen Intelligenz nur ungern preisgeben.

Was den Krimipart angeht – da schöpft das reale Leben aus dem Vollen. Es begann 1992 mit einem kleinen ferngesteuerten Roboter, der sich mühsam durch einen Schacht in der 4500 Jahre alten Behausung quälte…

www

suchbegriffe
robot
upuaut

webadressen
www.cheops. org
www.projectequinox2000.co

20 mal 20 Zentimeter sind die vier Schächte innerhalb der Cheopspyramide breit. Nicht dick genug für einen Menschen. Also nahm man über Jahrzehnte hinweg an, ihr Zweck sei die Entlüftung. Auch wenn jeder, der das Weltwunder mit eigenen Augen bestaunt, in den Kammern bei mehr als 90 Prozent Luftfeuchtigkeit und muffiger Luft dies nur schwer nachvollziehen dürfte.

Die beiden Schächte aus der oberen Kammer ("Königskammer") führen mittlerweile wieder ins Freie. Die beiden aus der tiefer Liegenden enden im steinernen Nirwana der Pyramide. Drei Generationen von UPUAUTs ("Öffner der Wege", ägyptische Gottheit) und der "Seilkletterer" haben alle vier aufs genaueste inspiziert.

Rudolf Gantenbrink ist Ingenieur. Über die Jahre hat er sich einen Namen auf den Gebieten der Unterwasserrobotik (Minensuchroboter) gemacht. Privat beginnt er sich 1987 für das einzig noch existierende Weltwunder zu interessieren: das steinerne Grabmal des ägyptischen Pharao Cheops. Als Ingenieur hat es ihm weniger die maximale Anzahl der Grabkammern angetan, die es nach herrschenden Ausgrabungstheorien maximal geben darf, noch politische Verwicklungen um Ägyptens Tourismusattraktion Nummer 1. Beides soll ihm später zum Verhängnis werden.

Mit viel Enthusiasmus baut Gantenbrink einen Prototyp für seine späteren Upuaut-Roboter. Der kann sich über ein Viergang-Getriebe ferngesteuert bewegen und mit einer Videokamera den Menschen visualisieren, was er auf seinem Marsch entdeckt. Sehr weit kommt die wandelnde Plattform allerdings nicht – die Schächte sind über die Jahre verdreckt und weisen zu viele Hindernisse auf.

Einen Ingenieur ist "nichts zu schwör" und so konstruiert der Münchner Bastler über die Jahre mehrere Generationen der forschenden Laufroboter und testet sie in drei Expeditionen, die er alle selber über Sponsoren finanziert. Mittlerweile hat der Roboter sieben unabhängige elektrische Motoren, zwei "Halogenaugen" und aus dem Plastikgehäuse von der Stange ist maßgefertigtes Aluminium als Material geworden.

Rund 180 Meter in allen vier Schächten sind inspiziert und als Video dokumentiert, als 60 Meter im südlichen Schacht der unteren Kammer der Roboter am 23. März 1993 plötzlich vor einer Steintüre mit Kupferbeschlägen steht. Bis heute die einzig bekannte Stelle in der Pyramide, an der Metall verarbeitet wurde. Der Laserstrahl von Upuaut zwängt sich durch eine kleine Lücke in der rechten unteren Ecke der Türe. Was liegt hinter der steinernen Verschlussplatte? Das weiß auch heute noch keiner – die Platte ist seit diesem denkwürdigen Tag ihrer Entdeckung noch immer verschlossen.

Denn nun wachen die Ägyptologen auf. Da entdeckt ein «Nichtfachmann» womöglich Geheimnisse, auf die sie selber nicht gekommen waren. Nicht sein kann, was nicht sein darf. Und so sind alle Zugangsberechtigungen für den Techniker künftig unerreichbar. Dass er sie auch zuvor mehr oder minder erkauft hatte, indem er nebenbei ein Belüftungssystem für die Heerscharen von besichtigungswilligen Touristen konstruiert und einge- baut hatte, sei erwähnt.

Gantenbrink hat seinen Roboter weiter verfeinert und hätte da einige Ideen, wie man zerstörungsfrei das Geheimnis hinter der Türe lüften kann. So wollte er seinen Roboter mit zwei kleinen Röhrchen ausstatten. Die sollten unter dem Spalt in der Türe hindurch lugen können. Durch ein Röhrchen soll eine bestimmte Menge eines Gases gepumpt werden, während das andere die Zusammensetzung der Luft misst. Anhand der Anzahl der Gasteilchen könnte man leicht feststellen, ob sich hinter dem Abschluss ein Raum oder nur weitere Steine befinden. So einfach wäre das. Technisch.

Nur hat der deutsche Techniker mit seinen Forschungen mehr Feinde als Freunde gewonnen und vor allem viele geistige Väter für seine Entdeckung. Ohne den Entdecker der Türe finden nun regelmäßig hoch- karätige Symposien statt, auf denen sich amerikanische und ägyptische

Wissenschaftler unterschiedlicher Gesellschaften und Gremien die Köpfe darüber zerbrechen, was hinter der Türe liegen könnte. Ohne den perfektionierten Roboter Upuaut-2 und seinen Erfinder. Soweit der Stand des realen Krimis.

Die Geschichte von Adam und Eva und dem unglückseligen Apfelpflücken ist sattsam bekannt. Aber dass zu ihrer Gefolgschaft auch noch ein Lama gehörte – davon steht in der Biblischen Geschichte nichts. Diese Verbindung schafften erst Wissenschaftler des LAAS (Laboratoire d´Analyse et d´Architecture) in Toulouse. Adam, Lama und Eve sind die ersten Generationen hoch spezialisierter Roboter des Instituts, die unwegiges Gelände fachmännisch erkunden sollen.

Wahrnehmung, einfache Tätigkeiten und Schlussfolgerungen daraus sind die Mittel, die LAAS-Wissenschaftler den illustren Expeditionsteilnehmer zur Verfügung gestellt haben. Als intelligente Roboter sollen sie Hindernisse feststellen, diese klassifizieren und dann beschließen, ob seitlich ausweichen, den blockierenden Stein aus dem Weg befördern, oder was sonst die beste Lösung ist, ihr Ziel zu erreichen.

Die Wahrnehmung hängt einmal von den Sensoren ab ("Augen", Temperaturfühler, Bilderkennung, Messwerkzeuge für Entfernungen, siehe nächstes Kapitel) und von der Verarbeitung der Information. Speicher, Datenbank und intelligentes Programm (siehe übernächstes Kapitel: Gedankenverbindungen) bilden die Basis für die Entscheidungen der wandelnden Maschinen.

Wer die Interessen und Motivationen der Menschheit über die Jahrtausende ein wenig verfolgt, sieht, dass solche Forschungen nicht primär gemacht werden, um Hausfrauen die tägliche Arbeit mit einem selbst arbeitenden Staubsauger zu erleichtern. Zunächst erfolgt die Entwicklung, um in unwegsamem Gebiet zu Lande und unter Wasser bei Tätigkeiten wie Minensuche oder Erkundung von unbekanntem Territorium keine Menschenleben zu riskieren.

Während die Gefolgschaft um Adam bei ihren Unternehmungen auf sechs Räder baut, haben sich andere Laufroboter schon mehr den Optimierungen der Evolution angenähert. Attraktive Beine ziehen nicht nur Männerblicke auf sich – etwas hat wohl auch die Natur darin gesehen. Es gibt viele Vermutungen und Theorien, warum sich in der Evolution das Rad nicht wenigstens in manchen Fällen in der Fortbewegung wiederfindet. Tatsache ist, dass die Natur auch ohne auskommt. Und zwar ganz prächtig.

So hat man mittlerweile festgestellt, dass Flossenantrieb im Wasser wesentlich effektiver ist als jede Schiffsschraube. Vermutlich macht er auch weniger Lärm, was Tiere bei der Annäherung an ihr künftiges Essen genauso wenig brauchen können wie U-Boote auf Tauchgang.

In unebenem, dicht bewachsenem Gelände – man stelle sich das klassische Bild eines Dschungels vor – sind stalksige Beine einem Rad bei weitem überlegen. Die restlichen drei oder mehr Beine können stets noch guten Bodenkontakt halten, während eines nach einer neuen Auftreffstelle sucht. Objekte mitten am Weg verlieren das Attribut störend – man kann einfach darüber steigen. Oder auch nach rechts oder links ausweichen. Krabben beispielsweise können mit ihren acht Beinen verdammt schnell seitwärts laufen.

www

suchbegriffe
R Blickhan
Euromech-Colloquim 375
Denavit Hartenberg
Notation

webadressen
www.laas.fr

Manchmal sieht auch der Mensch ein, dass er mit seinen Erfindungen an Grenzen stößt. So etwa verhelfen Rollstühle mit ihren großen Rädern, Menschen zur Mobilität in der Ebene. Kommt allerdings eine Treppe in den Weg, wird sie für die Räder zum unüberwindbarem Hindernis. Abhilfe schaffen hier Aufzüge, die Gefährt und Mensch Stufe um Stufe – ähnlich dem Treppen steigen – hoch hieven.

Auf befestigten Böden und topfeben betonierten Strassen ist das Rad im Vorteil. Diese sind in der Natur allerdings nicht vorgesehen. Das wäre eine Abhängigkeit von der Umwelt, die zusätzlichen Aufwand voraussetzt. Und das widerspricht dem Gesamtenergie-Minimierungs-Prinzip.

Beine wiederum machen Probleme beim Ansteuern und die treten nicht erst bei einem Tausendfüßler auf. Bei zwei Beinen schafft der stete Wechsel zwischen statischer Energie (Fuß fest am Boden) und dynamischer Energie (Fuß bewegt sich durch die Luft) viel Rechenarbeit, damit das laufende Objekt nicht umfällt. Haben wir alle bereits in den ersten Lebensjahren experimentell erprobt.

Bei mehr Beinen und Armen ist zwar die Gefahr des Umfallens geringer, allerdings wächst die Rechnerleistung mit der Koordination der einzelnen Bewegungsrichtungen und -möglichkeiten. Jeder menschliche Arm kann nicht nur senkrecht nach oben gehoben werden, er kann gleichzeitig auch nach vorne schnellen und der Unterarm sich noch weiter beugen. Wenn wir dann noch das Handgelenk drehen und die Finger mit ihren Gliedern einzeln dazu bewegen – führen wir eine Gabel zum Mund. Mit einer Hand. Die Beine werden gleichzeitig im Sitzen überkreuzt und die andere Hand bedient die Fernbedienung des Videorecorders. Nicht fest codiert, setzt diese Informationsmenge eine ordentliche Portion Speicher und Rechenarbeit voraus. So schnell wird Frankenstein keine Orange schälen und essen.

Mit "Eyes Wide Shut" beschloss der Regisseur Stanley Kubricks sein Lebenswerk. Einer der ersten Filme, mit denen der Meister Generationen von Cineasten zum Nachdenken anregte, war „2001 – Odyssee im Weltraum". Der Großteil des spannenden Science Fiction Filmes spielt in einem Raumschiff, das optisch so gar nicht in die gängige Scheibenform der nachfolgenden Enterprise-, Voyager-, Deep-Space-Niner- und ähnlicher Serienfilme passen wollte. Es stellt nämlich einen Kreisel dar, bestehend aus einem Doppelrad mit Achse.

Gyrover nannten Yangsheng Xu und Ben Brown ihren dynamisch stabilen Roboter. Er hat weder Arme noch Beine, sondern besteht im ganzen nur aus einem motorisierten Rad. Die Wissenschaftler von der Carnegie

Die Bewegung eines Roboters

Wenn der Mensch einen Fuß vor den anderen setzt, so geht das normalerweise automatisch. Weder braucht er einen Rechner, um die kürzeste gehbare Distanz zum Sofa zu finden, noch ist der Tisch davor ein Hindernis. (Spezialfälle wie feuchtfröhliche Geburtstage außer Acht gelassen...)

Bei einem Roboter ist das anders. Seine Fortbewegung basiert auf purer Mathematik; auf Koordinaten, Winkel und Distanzen.

Mathematisch gesehen besteht der Roboter-Pfad aus Knotenpunkten und ihren Verbindungslinien, über die man jeweils ein rechtwinkeliges kartesisches Koordinatensystem mit x-, y- und z-Achse setzt.

Jeder Punkt, an dem sich ein Roboterarm befinden kann, hat darin eine bestimmte x-, y-, und z-Koordinate, bezogen auf den nächstliegenden Drehpunkt (etwa Ellbogen). Jede Verbindungslinie zwischen zwei Punkten ist durch zwei Winkel und zwei Entfernungen bestimmt.

Es gibt so viele Koordinatensysteme wie Drehpunkte. Natürlich muss es irgendwo einen Basispunkt (Bezugspunkt) geben mit den Koordinaten: x = 0, y = 0 und z = 0.

(Sehr vereinfachte Darstellung der Denavit Hartenberg Schreibweise).

Mellon Universität in Pittsburgh, Pennsylvania, sind an der dynamischen Stabilität interessiert. Ein gehender Mensch, ein Tänzer, eine Eisläuferin – sie alle führen Bewegungsabläufe aus, die nur durch die Dynamik der Bewegung möglich sind. Würden wir eine Haltung aus dem Ablauf herausnehmen und sie statisch nachzubilden versuchen, würden wir dabei umfallen. Dynamisch stabile Bewegungszustände sind selten statisch stabil. Das gleiche gilt übrigens auch umgekehrt. Das Auto, statisch recht stabil auf seinen vier Rädern, kann schon mal dynamisch in schnellen Kurven ausbrechen. Zumindest manche Typen…

Statisch stabile Roboter bewegen sich auf vier oder mehr Rädern oder Beinen. Interessant ist für viele Anwendungen auch die dynamische Stabilität künstlicher Bewegung. Und genau der gehen Xu und Brown auf den Grund mit ihrem Gyrover. Modell I wies eine recht stabile Rollbewegung auf bei minimaler Ablenkung durch äußere Einwirkung. Am Gyrover gibt es keine Rückseite. Er ist wendig, weil der gesamte Roboter die (Dreh-)bewegung übernimmt und nicht nur die Räder. Der geringe Rollwiderstand ist prädestiniert für den Einsatz auf weichem Untergrund wie Sand, Schnee, Sumpf oder über Gebüsch. Der Kreisel schmiegt sich auch durch enge Türöffnungen und kann auf der Stelle umdrehen. Selbst einen Einsatz als schnelles Arbeitsfahrzeug auf Planeten wie dem Mond (mit geringer Schwerkraft) können sich seine Entwickler vorstellen.

Der funkgesteuerte Gyrover I bestand hauptsächlich aus Auto- und Flugzeugteilen. Mit knapp 30 Zentimeter Durchmesser und 2 Kilogramm Eigengewicht erklomm der Kreiselroboter locker eine 44 Grad geneigte Ebene. Sein Nachfolger, Modell II, ist gleich schwer, aber mit 34 Zentimeter Durchmesser etwas größer. Und, er ist ummantelt – passt also wieder ins Bild der schnell fliegenden Untertassen. Die Hülle spart Energie. Rund sechs mal so lang hält die Batterie nun durch die Vakuumdichte Ummantelung. Zahlreiche Sensoren überwachen den Motor, die Geschwindigkeit und Position des Vehikels, den Druck in Vakuum und Reifen, die Lage im Raum und die Temperatur. Sogar im Wasser hat sich das ferngesteuerte Rad schon bewiesen.

«Schon beim ersten Versuch mit einem mittelstarken Übungsbogen merkte ich, dass ich Kraft, ja sogar erhebliche Körperkraft aufwenden musste, um ihn zu spannen. Dazu kommt, dass der japanische Bogen, sobald der Pfeil eingelegt ist, mit nahezu gestreckten Armen hoch genommen wird, so dass sich die Hände des Schützen über dem Kopf befinden. …In dieser Haltung hat nun der Schütze eine Weile zu verharren, bevor der Schuss gelöst werden darf.» (aus "Zen in der Kunst des Bogenschiessens").

Beim Bogenschießen überträgt der Schütze seine Energie auf den Bogen. Er spannt den Bogen und speichert all seine Kraft in der elastischen Verformung des Materials. Mit dem Lösen setzt der Pfeil die gespeicherte Energie in Bewegung (Antrieb) um. Das ist auch das Prinzip, das hinter der Wirkungsweise von Muskeln liegt.

«Biologische und technische Arme und Beine» ist der Titel eines Projektes der TU Illmenau in Thüringen. Mit Unterstützung der Deutschen Forschungsgemeinschaft (DFG) untersucht das Innovationskolleg der TU die «Funktionelle Bedeutung für den Skelettmuskel und technische Lösungen nach biologischem Vorbild». Damit stehen die Illmenauer nicht alleine da. Weltweit gibt es unzählige Teams, die fieberhaft nach dem "warum" und "wie" der menschlichen Muskeln suchen und vor allem, wie man die Erkenntnisse am besten in die Technik umsetzen kann.

Mit Sensoren zur Messung der Veränderung von Muskellängen und Sehnendehnung bestückte Thomas Roberts einen Truthahn. Roberts fand, dass der Wadenmuskel (musculus gastrocnemius) beim Laufen wie eine Feder, die potentielle Energie speichert, gespannt wird. Die Entspannung erfolgt durch seinen Gegenspielermuskel. Die genauen Messungen ergaben auch Hinweise, warum kleine Lebewesen mehr Energie zum Laufen benötigen als große. Die Ursache liegt in der Schrittlänge. So bleibt einem langbeinigen Windhund bei einem Schritt mehr Zeit, seine Muskeln anzuspannen, als etwa einem Dackel. Kurze Erholungszeiten zehren an der Energie.

Kohlenstoff in Form von Graphit ist ein guter elektrischer Leiter. Als Diamant ist er das härteste bekannte Material und hat die größte Wärmeleitfähigkeit. Die profane Bleistiftform und die edle, als «A girl´s best friend» sind die bekannten Vorkommensweisen des Kohlenstoffs. Aber das sechste Element im Periodensystem hat noch weitere Daseinsformen zu bieten: Als Grafit-Nanoröhrchen (bucky tubes) und Fulleron (bucky balls).

www

suchbegriffe
Bewegungssystem
Muskel aktuator
muscle actuat
Robert Michelson GTRI
reciprocat chemical muscle

Von der bienenwabenförmigen Gitterstruktur des Graphits her ist bekannt, dass sie sich bei elektrischer Aufladung ausdehnt. Interessant ist dazu auch die Form der nur Molekül-dicken, aber Millimeter-langen Nanoröhrchen. Legt man negative Ladung an (Elektronen), strecken sie sich. Wie ein Muskel. Obwohl die Versuche erst am Beginn stehen, zeigt sich ein recht passabler Wirkungsgrad. Und damit ein möglicher Einsatz als Aktuator. Aktuatoren sind nämlich «künstliche Muskeln», also die Teile eine Robotors, die Bewegung erzeugen.

Warum sich Muskeln wie bewegen und vor allem, wie man dies technisch simulieren kann – das wird in zahlreichen Labs der Erde untersucht. Ein interessantes Projekt möchten wir Ihnen vorstellen: den Entomopter. Das fliegende und krabbelnde künstliche Insekt wurde von Robert Michelson vom Georgia Tech Research Institute (GTRI) erfunden. Mittlerweile arbeiten auch Wissenschaftler der Uni Cambridge in England mit.

Ein Entomopter bewegt sich über Muskeln, die chemische Energie in eine Flügelbewegung umsetzen (Reciprocating chemical muscle, RCM). Durch die direkte Umwandlung von chemischer Energie in Bewegung bleibt auch elektrische Energie für andere Systeme des künstlichen Insekts, etwa zum Steuern des Fluges. Durch geringe Unterschiede im Auftrieb an den beiden Flügeln lassen sich so Kurven fliegen.

www

suchbegriffe
RoboCup
Robot world cup
FIRST robotics competition
robot agent erklärung
knowledge base
wissensbasiert system

Abheben wollen die Teams beim RoboCup nicht. Bei der jährlichen Veranstaltung (August) dribbeln die Blech-Mannschaften im Sinne der Forschung. Ihr Aussehen reicht von stahlgrauen Alu-Hunden (Sony) bis zu wandelnden schwarzen Mülltonnen (Uni Ulm). Und alle jagen einen knallorangen Ball.

Die Teilnahme am multinationalen RoboCup setzt allerhand voraus: Autonome Agenten, Zusammenarbeit unterschiedlicher Agenten, Strategie-Entwicklung in Echtzeit, Kombination von Sensoren. Schließlich soll der Blechhund nicht nur die Bewegung des Balles erkennen, sondern auch seine Reaktion darauf berechnen und vor allem ausführen, bevor der Ball im gegnerischen Tor landet. «RoboCup ist eine Veranstaltung für schnell bewegende Roboter in einer dynamischen Umgebung», preist der Veranstalter den Versuch, einen Anreiz zur Forschung auf dem Gebiet Intelligenter Roboter und Artificial Intelligenz zu bieten. Ab dem Viertelfinale sind die Kicker live im Internet zu bestaunen.

Das Thema Wettkampf ist bei den Vätern der Roboter generell sehr beliebt. In den USA fängt man damit schon in der High School (vergleichbar mit Gymnasium Oberstufe) an. Die Anforderungen sind in jedem Jahr neu und vor allem bis zur letzten Minute Top Secret. Das schafft Spannung und gleiche Ausgangsbedingungen für alle Teilnehmer.

Sechs Wochen hat jedes Team Zeit, gemeinsam mit Ingenieuren aus der Industrie, seinen Teilnehmer zu entwerfen, zu bauen und zu testen. Der künftige Champion muss sich dann in einer zeitkritischen Umgebung vor einer Jury beweisen. Im letzten Wettkampf des alten Jahrtausends qualifizierten sich 206 Schüler-Teams für den Nationalen Wettbewerb in Disney's Epcot Center (Orlando, Florida).

«Geschüttelt, nicht gerührt...»

Wenn der britische Geheimagent 007 in ein neues Abenteuer zieht, klingeln die Kinokassen. Dass er nicht real existiert, tut seiner Beliebtheit keinen Abbruch.

Auch die «**Intelligenten Agenten**» der Roboter sind fiktive Persönlichkeiten. Sie arbeiten mit Methoden der Künstlichen Intelligenz, also mit sogenannten Wissensbasierten Systemen. Das wieder um sind – sehr vereinfacht ausgedrückt – lernende Computerprogramme.

Normalerweise führt ein Computerprogramm unter gleichen Vorgaben stets die gleichen Anweisungen aus. Beispiel: Wenn a kleiner b ist, dann überspringe die nächste Anweisung. Wenn a aber gleich oder größer b ist, dann addiere c dazu. Für bestimmte Werte von a, b und c wird sich an diesen Anweisungen nichts ändern. Das ist konventionelles Programmieren.

Bei Wissensbasierten Systemen ("Programmen") hingegen wären a, b und c keine eindeutigen Zahlen, sondern etwa Begriffe wie kalt oder warm, denen weitere Eigenschaften (Bedingungen) zugeordnet sein können. Wie etwa: wenn sehr kalt, dann Mantel holen; überprüfen, ob es zudem schneit, dann auch noch Schal und Handschuhe dazu nehmen etc. Wenn nun ein neuer Fall eintreten würde, dass beispielsweise auch noch die Straße vereist ist, würde das System dies als weitere Bedingung in seinem System aufnehmen. Eine neue Schlussfolgerung könnte etwa lauten: langsam bewegen, weil gefährlich.

In Wissensbasierten Systemen geht das "Programm" nicht einfach von oben nach unten (Anfang bis Ende), sondern es ähnelt eher einer komplexen Baumstruktur, bei der viele Zweige in einer Abfrage (Kombination von Bedingungen) rauf und runter abgelaufen werden.

Intelligente Agenten sind Software-Einheiten, die selbständig (**autonom**) Aufgaben erledigen sollen, die der Mensch direkt oder ein Computerprogramm an sie delegiert hat (nach einer Definition von IBM). Dabei sollen sie ihr Wissen über die Ziele und Wünsche des Benutzers anwenden. Sieht ein bisschen nach "großem Bruder" (George Orwell) aus.

Wer sich nicht vorsieht, hat im Traumland Internet sehr schnell jede Menge Agenten am Hals. Das sind dann die versteckten Progrämmchen, die dem Nutzer, weil er gerade ein Auto der Marke X im Web gekauft hat, per Email die farblich passende Garage dazu anbieten. Viele Browser und Suchmaschinen (HotBot!) legen es darauf an, möglichst viele Daten über den Nutzer zu sammeln, «um ihm beim nächsten Aufruf der Seite Vorlieben-/personenbezogen die passenden Angeboten zu liefern».

Die Beteiligung führender Industrieunternehmen – die Namen reichen von Motorola bis zu NASA, Boeing und Astronauten-Ausbildungsstätten – soll einen frühzeitigen Austausch zwischen künftiger Elite, Industrie und Universitäten bieten. Und das in einer entspannten, aber interessanten und anregenden Umgebung. Reale Welt mit Konkurrenz statt "Biotop" im verstaubten Klassenzimmer. Oh, glückliches, voraus denkendes Amerika.

Auch flugfähige Roboter können sich im jährlichen Wettbewerb messen. Die künstlichen Zeitgenossen der von Robert Michelson ins Leben gerufenen Veranstaltung «Aerial Robotics Competition» haben sich seit dem ersten Treffen 1990 ganz schön gemausert. Waren die Flugschüsseln anfangs kaum fähig, vom Boden abzuheben, so fliegen sie mittlerweile selbständig, navigieren eigenständig und handeln aufgrund von Wahrnehmung ihrer Umgebung. Etwas weniger schwärmerisch ausgedrückt, können militärische Drohnen heute, einmal losgeschickt, ihr Ziel im Flug erfassen, dynamisch verfolgen und dann Aktionen setzen, die ihr Eigentümer zur Auswahl vorgesehen hat.

www

suchbegriffe
aerial robot
NASA robot
IARC2000
robotics millenium
cool robot of the week
Space Telerobotics Program

Im Michelson Wettbewerb geht es noch etwas friedlicher zu. 1990 war als Ziel gesetzt, dass ein Roboter-Frisbee selbständig durch eine Halle fliegen konnte. Man gab den Studenten nicht viel Chancen, dies vor dem Millenium zu erreichen. Doch zwei Jahre später führte ein Team des Georgia Institute of Technology eine Scheibe vor, die selbständig startete, flog und auch wieder landete. Nach weiteren drei Jahren schickten Studenten der Stanford University, wie gefordert, einen Frisbee quer durch die gesamte Vorführhalle, ebenfalls ohne menschliche Eingriffe in die einzelnen Phasen des Fluges. Und dabei war es erst 1995, fünf Jahre vor dem prognostizierten Termin.

Das Ziel war erreicht, es verlangte nach neuen Herausforderungen. Also wurden die Regeln verschärft. Der Flugroboter war nun nicht mehr zum Vergnügen unterwegs, er musste arbeiten. Ein Giftmüllplatz lauerte auf seine Entdeckung; die Position teilweise versteckter Behälter musste auf einer Karte gekennzeichnet werden. Zudem waren die Mülltonnen mit einem Aufkleber versehen. Allerdings war der nicht notwendigerweise auf der Oberseite sichtbar. Der Roboter musste den Inhalt jeder Tonne feststellen und Abfallproben mitbringen.

Erneut gab man den Teilnehmern nicht allzu viel Chancen, dies mit einer künstlichen Kreatur in absehbarer Zeit bewerkstelligen zu können. Noch im gleichen Jahr fand ein Team mit Mitgliedern des MIT (Massachusetts Institute of Technoloy), der Boston University und des Draper Labs (ebenfalls Ostküste USA) beim Wettbewerb alle fünf versteckten Tonnen und identifizierte den Inhalt zweier richtig. Nicht schlecht für den Anfang.

Zur weiteren Verschärfung war nun die Anzahl der Müllbehälter unbekannt; nur dass es maximal 11 sein konnten, wussten die menschlichen Teilnehmer und der Roboter. Zu den Gefahrenkennzeichnungen "radioaktiv" und "biologisch-chemisch-gefährlich" kam auch noch "Sprengstoff" dazu. Wie im richtigen Leben.

1997 siegte ein Team der Carnegie Mellon University (Pittsburg, Pennsylvania) mit einem hubschrauberartigen Roboter, der mehr als zwanzig Minuten lang pro Einsatz seine Umgebung dynamisch erfasste, darauf basierend die richtigen Entscheidungen fällte und sie ausführte.

Welches Ansehen dieser jährliche Wettkampf in der amerikanischen Welt hat, zeigt, dass das US Verteidigungsministerium, das Energieministerium und zivile Organisationen wie die Disney Corporation der Veranstaltung sowohl Juroren als auch finanzielle und organisatorische Unterstützung in großem Maß beisteuern.

Ein komplettes Disaster haben die Veranstalter der "Aerial Robotics Competition of the Millenium" den Teams für 1999 und 2000 präsentiert. Der eigenständig handelnde und bewegende Roboter muss robust genug sein, um Feuer und Rauch zu überstehen, akustische Störsignale und mechanische Angriffe unbekannter Angreifer vom Boden und aus der Luft. Ziele sind keine Mülltonnen mehr, sondern schwerverletzte Menschen am Boden, die sich nicht mehr selbst helfen können und, falls sie nicht rechtzeitig gerettet werden, auch "sterben". Klarerweise ist weder die Anzahl der Opfer, noch deren Position bekannt. Das Verteidigungsministerium lässt grüßen.

Die genaue Beschreibung des Horror-Szenarios geht über zwei eng getippte Seiten. Immerhin erwartete den Gewinner mindestens die stolze Summe von 30 000 US-Dollar.

Auch die NASA hat großes Interesse an autonomen Robotern. Die Zeiten, als Roboterarme stur Minute für Minute die stets gleichen Positionen abfuhren und dann ihre Schweißpunkte setzten, sind in der Forschung definitiv vorbei. Das ist Alltag im Auto- und Flugzeugbau, aber keine Forschung für morgen. Da sind vielmehr eigenständige Entscheidungen und nachfolgende Handlungen der Roboter gefragt; in einer veränderbaren (dynamischen) Umgebung, in der auch eine Blumenvase oder ein Tisch unerwartet im Weg stehen kann.

Mit wöchentlichem Update zeigt das NASA Space Telerobotics Program, wer gerade die Nase vorne hat in der Roboterentwicklung. Einen Blick ist deren Internetseite «Cool Robot of the Week» allemal wert.

Aktuatoren (das waren die künstlichen Muskeln) brauchen unsere künstlichen Gebilde nicht nur am Boden und in der Luft. Auch im nassen Element muss Kraft in Bewegungsenergie umgesetzt werden. Am Anfang standen primitive ferngesteuerte Modelle (Remote operated vehicles, ROV), mit geringer Reichweite, deren bedächtige Beweglichkeit gleich die Hälfte ihres Volumens in Anspruch nahm.

Das muss kleiner, leichter und schneller gehen, dachten sich Wissenschaftler des Draper Lab und bauten einen Thunfisch. Acht Fuss lang und 300 Pfund schwer ist der künstliche Gelbflossenthun. Kabel legen, Minen suchen und "viele andere Erkundungseinsätze" sehen seine Erbauer als Einsatzzweck.

Der Thunfisch mit den gelben Flossenspitzen ist wesentlich wendiger als gängige unbemannte U-Boote. Er kann sich drehen und wenden, fast wie sein natürliches Vorbild. Fische sind generell recht gut auf minimalen Energieeinsatz bei größtmöglicher Leistung im langsamen und schnellen Strömungsbereich optimiert. Thunfische sind zudem sehr robust von der Körperstatur (gut, wenn man in den Nachbau viel mechanische Ausrüstung plazieren möchte) und bewegen sich mit geringen Ausschlägen eines hoch wirksamen Flossenantriebs vorwärts.

Reale Thunfische können damit ausdauernd 40 Kilometer in der Stunde schwimmen. Um schnell mal das Weite zu suchen, ist kurzzeitig auch eine Spitzengeschwindigkeit von 100 Stundenkilometern möglich. Alles am Thun ist vermieden, was den zwei bis fünf Meter langen Schnellschwimmer einschränken könnte: Brust- und Bauchflossen werden während der rasanten Bewegung in flache Vertiefungen gelegt und klinken mit einem Vorsprung des Flossenansatzes in eine Körpernische ein. Die Rückenflosse läßt sich bei Bedarf in eine Rinne wegklappen.

Beneidenswert ist auch die Wendefähigkeit der Meeresbewohner: Sie können praktisch auf dem Platz umdrehen (Minimum-Distanz rund zehn Prozent der Körperlänge), während ausgefeilte Schiffe dafür mindestens vier Schiffslängen benötigen.

Noch ist bei Sportbooten der Schraubantrieb verbreiteter als die Flosse. Mal sehen, wie lange es dauert, bis die militärischen Entwicklungen sich auch im zivilen Bereich durchsetzen. VCUUV ist das abschreckende

Kürzel für diese Form der Manövrierbarkeit. Immerhin ist der Name an das Wirkungsprinzip der Natur angelehnt. So steht das VC für Vorticity Control, also etwa Beherrschen der Wirbel, bei unbemannten Tiefsee-U-Booten UUV (Unmanned Undersea Vehicle).

Seit seinem ersten Tauchgang 1998 hat der schwarzgelbe Kunstfisch bereits etliche Unterwasserausflüge hinter sich. Die Wissenschaftler stellten jede Menge Vorteile durch den "Fischantrieb" fest: geringerer Widerstand, höhere Manövrierbarkeit, Zunahme der Richtungsstabilität und Stabilität der Tauchtiefe. Und zudem sind der natürliche wie auch der künstliche Thunfisch bei der Beschleunigung aus dem Stand (und dem Abbremsen) jedem konventionellen U-Boot-Design haushoch überlegen. Vom Energieverbrauch und damit der Einsatzdauer, und dem Größe-Leistungsverhältnis ganz zu schweigen. Aber das ist nun wahrlich nichts Überraschendes mehr.

www

suchbegriffe
VCUUV
draper lab
yellow-fin tuna
Ura Lab

webadresse
www.draper.com

Die Freiheit der Bewegung

Gehen, hüpfen, springen, schwimmen oder fliegen – alle Bewegungsarten sind mit einer Veränderung des Ortes im Raum verbunden. Mathematisch definiert man diese Veränderungen des Standortes über sogenannte Freiheitsgrade.

Genau sechs Freiheitsgrade bestimmen eine Position im Raum: drei für die Drehung (Rotation) und drei für die lineare Verschiebung (Translation). Simuliert man etwa die Bewegung eines Beines, so kommen da noch einige dazu. Denn nicht nur das Hüftgelenk hat drei Freiheitsgrade. Zusätzlich können wir auch noch die Lage des Knies und des Fußes verändern. Und jetzt wird es kompliziert.

Bei Robotern beschränkt man sich daher (noch) auf weniger Freiheitsgrade als im natürlichen Vorbild möglich sind. So muss etwa ein künstlicher Saurier beim statischen vierbeinigen Gehen (drei Beine sind stets fest auf der Erde) mit 12 Freiheitsgraden auskommen. Mit insgesamt 20 Freiheitsgraden kann er zusätzlich noch seinen Schwanz und den Hals bewegen, den Kopf drehen und kauen.

Was die Hauptnahrungsquelle der Forscher der Universität Tokyo beim folgenden Projekt war, ist nicht bekannt. Jedenfalls nannten Mitarbeiter des URL Labs (Underwater Robotics & Application) ihren intelligenten Unterwasser-Roboter Twin-Burger. Dieser ist hellblau, gut genährt, rund eineinhalb Meter lang und wiegt 150 Kilogramm.

Der Antrieb des Burgers ist noch von der alten Schule: 4 mal 40 Watt liefert der konventionelle Antrieb in vier Bewegungs-Freiheitsgraden. Zwei Hauptantriebe steuern die Vorwärtsfahrt und die Drehung um die Hochachse (Gieren). Dazu kommen noch ein Vertikalantrieb und ein Seitenantrieb.

Bewegung setzt Wahrnehmung der Umgebung voraus. (Zumindest klappt sie dann besser ohne dauernde Zusammenstöße.) Und dazu hat der künstliche Burger Sensoren. Seine Position bestimmt der Doppeldecker aus Daten, geliefert von propellerartigen Geschwindigkeitssensoren, einem Tiefenmesser und einer kleinen Einheit namens AHRS (Attitude und Heading Reference System). Etliche weitere Sensoren nutzen Ultraschallsignale und eine schwenkbare CCD-Kamera guckt von der vorderen oberen Platte. So gut bestückt sollten alle Hindernisse rechtzeitig entdeckt werden.

Damit der selbständige Twin-Burger bei allen seinen Aktionen aber auch das tut, was seine Erbauer von ihm erwarten, gibt es eine Kommunikationsverbindung per Ultraschall und eine Sichtverbindung über Elektrolumineszenz-Platten. An diese fünf Anzeige-Tafeln kann ein Taucher in nächster Umgebung einfache Kommandos senden, bestehend aus vier Bit Code und einem Bit für den Status. Gleichzeitig zeigen die elektrisch gesteuerten Leuchttafeln an, was der Burger plant. Dies soll vor allem den menschlichen Tauchern helfen, zu verstehen, was der Twin-Burger in den nächsten Sekunden vor hat. Die Kamera und die menschlichen Augen können sich so per grüner Leuchtschrift verständigen.

Das Denken nach dem Sehen übernimmt beim Twin-Burger ein ausgefeiltes Multiprozessor-Computersystem mit Parallelprozessoren. Und um noch ein (unverständliches) Fremdwort einzuwerfen: Unter den zwei himmelblauen Burger-Schalen steckt ein Netz aus 14 Transputern. Beeindruckt? Aber Sie würden gerne auch verstehen, was dahinter steckt? Ein wenig Geduld bitte – denn das war ein kleiner Exkurs, ein thematischer Vorgeschmack auf das übernächste Kapitel ("Gedankenverbindungen"), in dem es ausgedehnt und verständlich um die Rechnerleistung geht, die unsere künstlichen Kumpane zum Existieren brauchen.

Von langsam krabbelnden Hummern (Northeastern University, USA) bis zu unansehnlichen, kastenförmigen Robotern reicht die Palette der in Süßwasser-Tanks und Meeren schwimmenden Kunstfische. Und einige sind tatsächlich nur fürs spätere Vergnügen konzipiert: Den Technikern des japanischen Konzerns Mitsubishi steht der Sinn nach einer Meeres-Disney-World.

Nach vier Jahren Forschung existiert bereits eine künstliche Seebrasse im Tank. "Wir haben elastische, oszillierende Flossen verwendet, wie wir sie auch für Unterwasserfahrzeuge einsetzen", erklärt Yuuzi Terada, Entwicklungsingenieur des Konzerns. Die künstlichen Schwimmorgane, die mit einer Frequenz zwischen 0,2 und einem Hertz schlagen, lassen den Fisch bis zu einen Stundenkilometer schnell schwimmen. Eine Spule im Bauchraum erhält ihre Energie aus einem elektrischen Feld, das ans Aquarium angelegt wird.

www

suchbegriffe
Northeastern University
Yuuzi Terada

Bis jetzt zieht die batteriebetriebene Seebrasse noch einsam ihre Kreise im Tank. Aber schon bald sollen ihr andere, heute bereits ausgestorbene Meerestiere, im künftigen Unterwasser-Park Gesellschaft leisten. Erinnert Sie das an die Geschichte von den wildgewordenen Dinosauriern in Jurassic Park?

Genauso, wie der Wunsch zu fliegen immer wieder auftaucht, hat es dem Menschen auch die Idee angetan, ein künstliches Abbild seiner selbst zu schaffen. Die Vorstellung, endlich ein Wesen zu haben, das auf Kommandos 100prozentig reagiert und nicht nur "immer öfter", liegt wohl in der Natur des Menschen. Leider. Denn es ist nicht nachzuvollziehen, warum etwa ein wesentlich größeres und kräftigeres Tier, wie das Pferd, sich dem Willen des Menschen unterzuordnen hat. Glücklicherweise eignen sich Pferde weder als Hilfe beim Kaffeekochen noch beim Geschirrspülen. Sonst gäbe es sicher auch dazu noch die geeignete Dressur.

www

suchbegriffe
walking climbing machines ordered
Shadow Walker biped
Shadow Robot Group
biped robot research
David Buckley
Richard Greenhill
air-muscle

Von der Horrorvision des Frankenstein-Monsters (erfunden von Mary Shelley, 1810) sind heutige Zweibein-Roboter weit entfernt. 29 Projekte weltweit, die einen Zweifüßler auf die Beine gestellt haben, führt die Liste der «Walking and climbing machines ordered by the number of legs» auf (FZI, Forschungzentrum Informatik der Uni Karlsruhe). Einen davon wollen wir Ihnen hier vorstellen, den «Biped Shadow Walker» aus London.

Das Aussehen der Laufmaschine muss man mit britischem Humor nehmen: Der Kopf ähnelt einem offenen Elektronikfach mit verkabelten Platinen als einem menschlichen Haupt, die Brust trägt stolz ein Schild mit dem Namen des Herstellers. Die Beine aber, und auch die Füße, die sind wirklich klasse: in Funktion und Aussehen ist hier der Human Touch unverkennbar.

Eines der Konstruktionsprinzipien war, dass der Shadow Walker sich in einer menschlichen Umgebung (mit Treppen) genauso gut und sicher bewegen kann wie sein Vorbild. Das setzte intensive Studien der Anatomie und Physiologie des Menschen voraus. Kennen wir das nicht bereits von Leonardo (Kapitel 4)?…

David Buckley entwickelte das Skelett: es ist aus Holz und hält statt Leib und Seele, Platinen und Kabel zusammen. Einen Meter 60 ist der zweibeinige Spaziergänger groß. Kleine Abstriche mussten auch hier gemacht werden: es gibt nur einen Knochen im Unterschenkel (statt zwei beim Menschen) und auch nur einen Zeh pro Fuß. Die Kniescheibe fehlt komplett. Die Hüfte hat drei Freiheitsgrade, der Knöchel nur zwei.

www

suchbegriffe
Roland Jakel
TU-Clausthal

Besonders stolz sind die Forscher auf die künstlichen Muskeln, die mit Luft "angespannt" werden. Richard Greenhill hat für jeden Muskel zwei Kontrollventile vorgesehen: beim einen kommt die Luft rein, beim anderen wird sie abhängig von einer komplizierten Steuerung wieder ausgepustet. Sensoren messen den Luftdruck und liefern damit Daten, wann welches Ventil auf oder zu gehen muss.

Ob der Fuß gerade den Boden berührt, stellen fünf weitere Sensoren fest: zwei am Zeh, einer in der Fußmitte und die restlichen beiden sind an der Ferse plaziert. Sie messen den Druck, der auf ihnen lastet. Liegt dieser unter einem bestimmten Wert, sagen wir mal fast Null, dann ist der Fuß abgehoben. Fuzzy Logic heisst hier das Zauberwort. Mehr dazu im Kapitel 10 über die Gedanken/neuronale Netze.

Menschen halten das Gleichgewicht über Sinneszellen im Inneren Ohr. Sie liefern dem Gehirn Daten über Beschleunigung und Neigung. An einer künstlichen Analogie zu diesem natürlichen Sensorsystem wird noch intensiv gearbeitet.

Über 80 Sensoren und 28 Aktuatoren verfügt der Shadow Walker. Die müssen natürlich alle kombiniert, ausgewertet und gesteuert werden. Walker kann bereits selbständig aufstehen und gehen. Wird er dabei allerdings von außen angestupst, bringt das seine Rechner noch gehörig aus dem Konzept.

Das Iguanodon ist ein pflanzenfressender Dinosaurier, der vor vielen Millionen Jahren die Erde bevölkert hat. Man nimmt an, dass sich das sechs Meter lange Tier sowohl zweibeinig als auch auf allen Vieren bewegen konnte. Und damit war es ein ideales Forschungsobjekt für Bewegungsstudien von Robotern für Forscher der TU-Clausthal.

Mit zehn Antrieben kann das Iguanodon auf allen Vieren langsam traben. Wie ein aufgezogenes Spielzeugtier hüpft der künstliche Dinosaurier mehr oder weniger nach elementaren mathematischen Bewegungsformeln.

Sie werden vielleicht schon festgestellt haben, dass dieses Kapitel ("Bewegung") nicht leicht trennbar von den beiden folgenden ist ("Sensoren" und "Gehirn/Steuerung"). Jede Bewegung setzt Kenntnis der Umgebung voraus und die erhält man über Sensoren. Jede Bewegung setzt aber auch Steuerung voraus und die liefern natürliche oder künstliche "Denkprozesse".

Deshalb: Zum besseren Verständnis des Themas geht es gleich weiter «Mit den Augen der Technik»...

Was ist Spaß? Etwas, das meine Sinne beflügelt.

Was beflügelt meine Sinne? Wenn ich um meiner selbst willen geliebt werde.

Wenn ich ich selbst sein kann, ohne mich der Umgebung anpassen zu müssen.

Über meine Grenzen hinauszuwachsen, mich weiter zu verwirklichen.

Du bist vollkommen wie du bist.
Du bist interessant, weil du du bist.
Sieh dich um.

Was ist das Wichtigste in meiner Umwelt? Spaß haben? Lernen?

Lernen über sich selbst.
Spaß haben ist, vom Sprungbrett in die Mitte des Herzens zu springen. Das Wesentliche am Spaß haben ist, sich selbst zu sein.

9

«Ist das ein Dolch, was ich vor mir erblicke,
der Griff mir zugekehrt?
Komm lass dich packen –
ich fass dich nicht, und doch seh ich dich immer.
Bist Unglücksbild du fühlbar nicht der Hand,
gleich wie dem Aug?»

Macbeth (Shakespeare)

«Falsch Gebild und Wort
Verändern Sinn und Ort.»

Mephistopheles in Faust I (Goethe

Eine Stunde ist eine Stunde und hat 60 Minuten.

Das ist rein mathematisch durchaus richtig. Wenn wir jedoch erst in einer Stunde mit dem/der Angebeteten zum ersten Date verabredet sind, dann können 3600 Sekunden zur Ewigkeit werden. Was sich wiederum während der Verabredung genau umgekehrt verhalten wird – da vergehen dann die Stunden im Nu.

www

suchbegriffe
Nase Hund Katze
Sensor Augen

webadressen
www.deutsches-museum.de

Der menschliche Sensor für Zeit – gemeinhin als Zeitempfinden bezeichnet – ist also nicht sonderlich exakt. Unser Bemühen, den täglichen Ablauf nach physikalischen Zeiteinheiten wie Minuten zu ordnen, läuft gegen unsere innere Uhr. In anderen Völkern sieht man das nicht so eng und versucht dafür, im Einklang mit der (menschlichen) Natur zu leben.

Wenn man einen Massai fragt, wie weit es bis zu einem bestimmten Ort ist, so ist seine Antwort abhängig von diesem Ort. Findet er den schön und angenehm und als sinnvolles Ziel, dann ist dies «gleich um die Ecke». Im andern Fall «dauert es mehrere Tagesreisen, um dahin zu gelangen, und es ist gar nicht sicher, ob der Reisende dann das Ziel erreicht». Wie realistisch.

Wie sieht das mit unseren anderen Sinnen aus? Etwa den Augen? Wir sehen Objekte, auch bewegte, dreidimensional, können ihnen sogar in der Bewegung folgen. Was beispielsweise für Kühe nicht zutrifft. Für die friedlichen Wiederkäuer kommt es einer Weltrevolution gleich, wenn etwa ein Mensch aus großer Höhe vor ihnen mit einem Fallschirm landet. Sie setzen ihre Sensoren (Augen) erst ein, wenn das Objekt auf ihrer Gesichtshöhe ist. Und damit kam es eben aus dem Nichts.

Wir ordnen den Objekten vor unserer Nase auch eine Größe zu. Nur, ob der/die Angebetete zu dünn, zu dick oder perfekt wohlgeformt ist, darüber gibt es vermutlich so viele Meinungen wie beurteilende Personen. Aber nicht mal bei ein und derselben Person ist das Urteil stets gleich: So variiert das Aussehen des Steaks mit dem Appetit, den wir darauf haben. Manchmal ändern sich auch Größen mit der Zeit: im Jägerlatein wächst die Beute und gefangene Fische werden mit zunehmender Zeit gehörig schwerer.

So weit her ist es mit dem Gesichtssinn also auch nicht. Dass viele Tiere (Hunde, Katzen, Fische…) besser hören als der Mensch, ist bekannt. Sie erkennen nicht nur wesentlich leisere Töne, auch ihr Tonhöhen-Bereich, in dem sie wahrnehmen, ist größer. Während menschliche Ohren bei mehr als 18 000 Schwingungen pro Minute nur noch Funkstille registrieren, ist die Katze noch bis zu 60 000 Schwingungen ganz Ohr. Ultraschall ist für den Menschen ohne technische Hilfsmittel nicht existent.

Aber fühlen können wir doch ganz gut. Wärme, Kälte, Berührung – mit dem Tastsinn haben wir endlich den «niederen» Kreaturen etwas voraus. Tatsächlich? Katzenbarthaare dienen nicht nur als Zierde. Natürlich stolziert ein echter Kater hoch erhobenen Hauptes und mit stramm abstehenden Barthaaren durch sein Revier. Aussehen ist aber nicht Primärzweck. Nachts, wenn es dunkel ist, da wird es erst so richtig schön. Da kann man jagen, Spaß haben und das Leben genießen.

Jagen setzt schnelle und treffsichere Wahrnehmung voraus. Nun sind einerseits Katzenaugen dafür spezialisiert, auch noch die geringsten Lichtstrahlen zu sammeln. Als "Restlichtverstärker" wirkt eine Gewebeschicht hinter der Netzhaut (Tapetum lucidum), die ähnlich einem Spiegel die Photonen erneut auf die Netzhaut umlenkt. Das aber genügt noch nicht, um schnell durch enge Nischen zu huschen. Die Katze braucht einen Sensor, der prompt auch im Dunkeln meldet, wenn ein Hindernis im Weg steht. Wo es steht, wie groß es (tatsächlich und nicht nach dem Empfinden) ist und, wie man es umgehen kann. Einen "Radar-Sinn".

Nun kommen die hoch sensiblen Barthaare gerade recht. Da vorne sehe ich doch die Umrisse einer Türe, die einen Spalt offen steht (Sensor: Augen). Also weiterlaufen. Barthaare (Sensor) nach vorne strecken. Noch vor Erreichen des Hindernisses stellen die Tastsensoren (Vibrissen) eine Druckveränderung fest. Der sechste Sinn funktioniert als Warnsystem und leitet die Information an die Steuerzentrale weiter. Nun treffen die Haare auf die Luft im Spalt. Die Aufspreizung der Haare liefert das "Zentimetermaß", ab wann der Kopf ganz durch die Lücke passt. Kopf und Rumpf folgen unmittelbar, zwängen sich durch den Spalt und weiter geht die muntere Jagd.

Neben den optischen und taktilen ("Tasten") Abstandssensoren gibt es im Tierreich auch akustische. So in der Art wie Radarfallen. Das Tier sendet ein Signal (meist Ultraschall aus) und aus Veränderung des Signals nach seiner Reflexion am Hindernis / an der künftigen Hauptspeise zieht der Sender seine Rückschlüsse.

Nicht nur bei den Sensoren für Sehen, Hören und Distanz mangelt es dem Menschen am besten Modell, auch in der Kombination der Sensoren hinkt er vielen anderen natürlichen Kreaturen hinterher. Woran ein

Natürliche Sensoren: Wer hat die Nase vorn?

Das Wesen, das sich anmaßt, zu bestimmen, dass man Katzen und kleine Hunde getrost überfahren kann, ohne strafrechtliche Folgen befürchten zu müssen, ist, was die Sensoren (Sinne) betrifft, selbst recht mager bestückt.

Hunde haben 220 Millionen Nervenenden in der Nase, Katzen rund 19 Millionen, der Mensch nur etwa 5 Millionen. Katzen haben durch ihren Geruchssinn bereits Gasgeruch gewittert, als ihre Besitzer noch frisch fröhlich umher spazierten. Als Vorkoster setzten Menschen Katzen in der Antike ein: wandten sich die Vierbeiner vom Essen ab, verzichteten auch die Zweibeiner darauf.

Während beim Menschen das räumliche Bild erst auf dem Weg ins Gehirn zusammengesetzt wird, erstellen bei der Katze das 3D-Bild gleich die Augen: Wenn beide Augen nach vorne gerichtet sind, überlappen sich die Blickwinkel. Das spart kostbare Sekunden, wenn das Abendessen Flügel hat und droht, fluggs zu entfleuchen.

Katzenaugen können übrigens auch hören. Das Sehzentrum im Gehirn empfängt über den Sehnerv aus dem Auge sogenannte Hörbilder, die sich aus Bild und Ton zusammensetzen. Kombiniert das Gehirn diese Informationen mit den Tönen aus dem Ohr, so erhält die Katze ein perfektes räumliches Bild aus optischen und akustischen Eindrücken. Damit kann sich der Vierpföter in einem Streifgebiet im Radius von zehn Kilometern fehlerfrei orientieren.

Mit den Ohren wackeln zählt bei Zweibeinern zu Kunststücken, die man gern mal auf einer Party vorführt. Mäusetiger verfügen über 27 Ohrmuskeln, um jedes Knistern genau zu orten. Zwei Geräuschquellen die wenige Zentimeter nebeneinander liegen, kann eine Katze noch in einigen Metern Abstand auseinanderhalten.

Neben den Augen und Ohren gibt es noch einen dritten Sensor für Töne: So leiten die hochempfindlichen Fußballen jede noch so kleine Bodenschwingung ans Gehirn – Gefahr besteht für leise trippelnde Mäuse auch, wenn der betagte Hausraubtier mit den Ohren schon schlecht hört.

Im Gegensatz zu den schnurrenden Vierbeinern gehören Küchenschaben nicht gerade zu den beliebten Haustieren. Jedes Gift ist recht, um die Krankheitsüberträger zu vernichten. Das Problem ist nur, dass die ungeliebten Krabbeltiere recht widerstandsfähig gegen alle Schadstoffe sind und über Stoffe und Giftmengen, die für den Menschen schon schädlich sind, mit lockerem Grinsen hinwegsehen. Das gilt auch für atomare Strahlung, deren Gefahr für den Menschen schon darin liegt, dass er über keinerlei Sensoren verfügt, um sie festzustellen.

Allzu gute Chancen sollte sich das "höchstentwickelte" Lebewesen für die Zeit nach dem großen Big-Bang daher nicht ausrechnen. Die Aussicht, dass danach die beherrschende Population dieses Planeten zweibeinig bleibt, ist nicht rosig. Warum aber auch. Der am besten Angepasste wird sich wie immer durchsetzen und im großen Buch der Evolution steht nirgendwo geschrieben, dass dies der Mensch sein muss.

Mensch erkennt, dass etwas ein Tisch oder Stuhl ist, war schon Gegenstand vieler Diskussionen und wissenschaftlicher (Erkenntnis-) Theorien. So genau weiß das aber bis heute keiner. Es kann nicht an der Anzahl der Beine liegen – auch einen dreibeinigen Hocker oder einen einbeinigen Barstuhl erkennt der Mensch beim ersten Blick als Sitzgelegenheit.

Diese uneindeutige Definition macht es schwer, Regeln und Bedingungen für ein wissensbasiertes System (siehe vorhergehendes und nächstes Kapitel) zu finden, das einem Roboter helfen soll, die Daten der Sensoren sinnvoll auszuwerten. Für den Befehl: «Finde einen Stuhl im Raum und setz dich darauf» muss irgendwo abgespeichert sein, was denn einen Stuhl ausmacht. «Mensch sitzt drauf» wäre beispielsweise ein Kriterium. Dann könnte das nach unserem Wissen allerdings auch ein Baumstumpf oder ein Mauervorsprung sein. Oder eine Stiege. Oder…

Der Mensch ergänzt seine – verglichen mit der Tierwelt – mageren Sensoren sehr viel durch Erfahrung. Seine Vorteile liegen in der Intelligenz und in seinem Gedächtnis. Was wiederum schwammigen Empfindungen einen großen Spielraum lässt. Tiere sind viel näher am harten Überlebenskampf. Sie können sich nicht darauf verlassen, dass eine Distanz, die Lage von Objekten heute noch genauso ist, wie sie gestern verlassen wurde. Wenn wir eine Tasse auf den Tisch stellen und kein anderer im Raum war, dann wissen wir, dass sie sich auch Stunden später um keinen Zentimeter bewegt hat. Eine Katze würde diese Information nicht abspeichern. Sie würde jedesmal erneut vor dem Satz auf den Tisch mit ihren Sensoren haargenau die Distanzen und Lage der Objekte bestimmen.

Das tut sie objektiv wesentlich exakter als der Mensch. Während der Mensch die Information seiner Sensoren erst im Gehirn kombiniert und mit einer Prise Erfahrung würzt (Frau blond meldet Auge, Frau attraktiv kombiniert Gehirn), erfand die Natur – nach dem Prinzip: ein Zweck alleine reicht noch lange nicht – in vielen Fällen Sensoren, die bereits eine Kombination von Messwerten liefern. Deren Information nicht erst im Gehirn zusammengesetzt und bewertet wird, sondern dort schon als Kombipack ankommt – wie etwa das Hörbild der Katze (siehe Kasten).

Robotern geht es nicht anders als Menschen: Sollen sie nicht stur Bewegungsabläufe wiederholen, sondern aktiv in einer verändernden Umgebung agieren, so brauchen sie Fenster zur Welt, um ihre Umgebung wahrzunehmen.

Sensor-Kenndaten des Menschen
(lateinisch sentire = wahrnehmen)

Licht (elektromagnetische Strahlen)	400 bis 700 Nanometer
Ton	20 Hertz bis 20 Kilohertz
Riechen	4 bis 5 Quadratzentimeter Nasenschleimhaut mit 5 Millionen Rezeptoren
Schmecken	2000 bis 4000 Geschmacksknospen auf der Zunge
Druck	28 Rezeptoren pro Quadratzentimeter
Wärme	14 Rezeptoren pro Quadratzentimeter

Da der Mensch zwar als Vorbild für die Informationsverarbeitung (siehe nächstes Kapitel) gelten kann, nicht aber für Sensoren, sammeln Roboter vielfach ihr Wissen über Schnittstellen, wie sie aus dem Tierreich bekannt sind. Wenn sie denn bekannt sind.

FET hat wenig mit kalorienreicher Ernährung zu tun. In der Physik verbirgt sich hinter dem Kürzel ein Feldeffekttransistor. Das ist ein hochwirksames elektrisches Schaltungselement, beispielsweise in Mikrofonen und elektrischen Verstärkern. Leptinotarsa decemlineata hat eine ähnlich häufige Verbreitung. Allerdings läßt seine Beliebtheit zu wünschen übrig. Als

Kartoffelkäfer ist der gelbschwarz gestreifte Vielfraß jedem Landwirt bestens bekannt. Einer jedoch ist von dem Kartoffelfan hellauf begeistert: Michael Schöning von der Forschergruppe "Chemo- und Biosensorik" (Forschungszentrum Jülich) erfand den Biologisch Sensitiven FET. Und das kam so:
Die Käferinvasion verläuft immer nach dem gleichen Muster. Einer fängt an, weil er zufällig in das Feld gekrabbelt ist. Nun mögen es Pflanzen nicht sonderlich, wenn sie angefressen werden. Als Waffe – da Schreien nicht zu ihrem Repertoire gehört – senden sie Duftstoffe aus. Das Fatale an der Sache ist, dass die Kartoffelkäfer über die Zeit hochempfindliche Sensoren entwickelt haben, die genau auf einen dieser Düfte spezialisiert sind: den Grünblattduft Z-3-hexen-1-ol.

Und nun kommen alle Artgenossen aus ihren Verstecken und folgen der verlockenden Spur. Die Kettenreaktion hat begonnen – je mehr Pflanzen geschädigt sind, umso intensiver wird der Duft und umso größer ist der Einzugskreis der gefräßigen Käfer. Dem Landwirt bleibt nur noch eine Lösung: der Giftsprühregen.

Nach Schönings Erkenntnissen lösen die Duftmoleküle einen Reiz aus, wenn sie auf spezielle Moleküle (Rezeptorproteine) im Insektenfühler treffen. Dieser Reiz wird als elektrisches Signal an die Schaltstellen im Nervensystem des Käfers weitergeleitet. Das ergibt doch die perfekte bio-elektische Schnittstelle, dachte sich Schöning, wenn man die Käferantenne mit einem Transistor verbindet. Und so tauchten die Wissenschaftler eine Antenne des Käfers in eine Elektolytlösung mit einem FET auf Siliziumbasis. Jeder Duftreiz erzeugt nun einen Spannungsimpuls, der den Stromfluss im Transistor verändert. Je stärker der Duft, umso deutlicher ist die Stromspitze. Die Forscher konnten Konzentrationen bis in den ppb-Bereich nachweisen.

ppb steht für Teile pro Milliarde. Eine Genauigkeit in diesem Bereich entspricht dem Auffinden einer bestimmten Person unter allen Einwohnern der Europäischen Union. Für einen kleinen gefräßigen Käfer keine schlechte Leistung. Für die Jülicher und Giessener Wissenschaftler auch nicht, die sich durch ihre Forschung eine Reduktion des Giftsprühregens erhoffen. Denn, wenn ein Landwirt einen Sensor hätte, mit dem er genau bestimmen kann, wie arg der Befall bereits ist, könnte der Bauer entsprechend dosieren und müsste nicht immer auf gut Glück die volle Menge einsetzen.

Borkenkäfer haben Sensoren, die schon geringe Konzentrationen von Terpenen und anderen chemischen Verbindungen bei Schwelbränden feststellen. Das ist praktisch und wäre wesentlich kostengünstiger an Stelle von teuren Brandmeldeanlagen. Problematisch ist allerdings die Kombination knabberfreudiger Käfer und Kabel. Und deswegen werden Borkenkäfer so schnell wohl doch nicht Kabelbrände in Flugzeugen aufspüren.

Geforscht wird noch daran, die Rezeptormoleküle aus der Antenne zu isolieren. Damit hätte man einen perfekten, vollkommen künstlichen Duftsensor – ohne Käfer.

Wärme können Menschen nur fühlen, aber nicht sehen – sie sind für infrarotes Licht blind. Ganz anders Klapperschlangen, die wie alle Grubenottern direkt neben ihren Augen zwei Grübchen haben, die, ähnlich einer Lochkamera, ein Infrarotbild auf eine dünne Membrane abbilden. Diese Vertiefungen spüren jede Maus auf, egal ob es zappenduster ist, sich die Maus tot stellt oder beides.

Der Mensch behilft sich zur Erweiterung seines Sehbereiches mit Infrarot-Nachtsichtgeräten und -Kameras. Überwiegend sind sie bei Militärs und Polizei im Einsatz. Mit Infrarotsensoren (und natürlich auch der nachfolgenden Verarbeitung der Signale – siehe nächstes Kapitel) sind viele Roboter ausgestattet. Schließlich soll Robby seine Tätigkeiten Tag und Nacht gleichermaßen verrichten können.

Auch zur Messung elektromagnetischer Strahlung benötigt der Mensch künstliche Sensoren. Ganz anders der Hai. Seinen Detektoren entkommt keine noch so tief verbuddelte Flunder. Ihren Pulsschlag nimmt ein schwimmender Hai mit sogenannten Lorenzinischen Ampullen noch im Vorbeischwimmen wahr. Poren auf der Kopfhaut nehmen die Signale auf und schicken sie über dünne Kanäle zu einer elektrisch leitenden Gallertmasse. Diese funktioniert wie ein hochempfindlicher Spannungsmesser und registriert selbst schwache Feldstärken ab 0,01 Mikrovolt pro Zentimeter. Pech für die Flunder.

Es ist stockdunkel. Doch das stört die große Hufeisennase, heimisch in unseren Landen, nicht bei ihren Beutezügen. Sie hat ein Klangbild der Umgebung vor sich, das sie dynamisch während ihres Fluges auf den aktuellen Stand bringt. Megaderma lyra, im Volksmund Fledermaus genannt, weicht in vollkommener Dunkelheit selbst Nylonfäden mit einem Durchmesser von 0,08 Millimeter aus.

950 Arten von Fledermäusen gibt es weltweit, bei den nächtlichen Streifzügen haben sie mit ihrer Echo-Navigation keine ebenbürtigen

Nebenbuhler. Seit Jahrhunderten versuchte man zu enträtseln, wie sich die als dämonisch verschrienen Nachtjäger orientieren. Erst mit den Forschungen des österreichischen Physikers Christian Doppler kommt Licht ins Dunkel: Schickt man Wellen aus, werden sie an Hindernissen aufgehalten und wieder zurückgesandt. Aus dem Frequenzunterschied der ausgesandten zur reflektierten Welle lässt sich kontinuierlich die Geschwindigkeit und Flugrichtung bewegter Objekte ermitteln. Optisch sichtbar ist die Überlagerung von Ursprungs- und reflektierter Meereswelle an steinigen Ufern.

Ein für den Menschen wahrnehmbares Hör-Beispiel für den Dopplereffekt ist das vorbeifahrende Einsatzauto mit Sirene. Die Klangänderung, wenn es sich zunächst von hinten nähert und dann vorbeifährt, hat jeder schon mal gehört. Im Flug der Fledermaus gibt es allerdings nicht nur ein um Aufmerksamkeit heischendes "Fahrzeug", sondern mehr als alle Einsatzwagen einer Stadt gleichzeitig. Vielleicht doch gut, dass sich das alles im Ultraschall abspielt und wir davon verschont bleiben.

Vor der Verfolgung checken Dracula's Vorbilder zunächst, ob sich der Aufwand überhaupt lohnt: die Frequenzen (und deren Amplituden modulation) liefern den Barcode für den Inhalt. Schließlich zählt auch für eine Fledermaus nicht alles zu den Leckerbissen, was nachts so kreucht und fleucht.

Steht das Opfer aber auf der Einkaufsliste, riskieren die Nachtjäger einen rasanten Sturzflug auf das Objekt der Begierde. Im "Final buzz", wird das künftige Festmahl mit 50 bis 200 Impulsen pro Sekunde bombardiert. Der Schallpegel von 120 Dezibel entspricht dabei dem eines Presslufthammers. Der Frequenzbereich reicht bis 80 Kilohertz, für den Menschen wird es schon bei 18 bis 20 Kilohertz ruhig. Fledermäuse können die Laufzeit von Signalen noch messen und unterscheiden, deren Zeitunterschied eine 40 Millionstel Sekunde beträgt.

Wichtig für die Ortung ist das Echo. Und das kommt um einen Faktor 100 schwächer zurück. Wer jemals versucht hat, ein klassisches Streichkonzert mit all seinen Lautstärkeänderungen beim Autofahren zu genießen, kann sich die Anforderungen vorstellen. Aussenden des Signals (laut) – Echo empfangen (zart) – Signal raus (laut) – Echo (zart) und so weiter. Hier geht es allerdings nicht um ein vergleichsweises langsames Tennisspiel. Die Signale müssen in Millionstel Sekunden im Gehirn verarbeitet werden, sonst droht der Zusammenstoß oder das Wegfliegen des potentiellen Abendessens.

Damit haben die Flattertiere der Mercedes S-Klasse noch ein wenig voraus. Deren Entwickler hatten sich die kleinen Flugsäuger zum Vorbild genommen und ein automatisches Abstandshaltesystem entwickelt. Mit Radar statt Ultraschall, aber sonst als exakte Nachbildung. Ein zarter Unterschied liegt in der Geschwindigkeit der Informationsverarbeitung: der Mercedes-Benz schafft das in Bruchteilen von Sekunden, die Fledermaus ist rund 1000 mal schneller.

Aber so ganz ungestraft lässt die Natur doch eine derartige Perfektion nicht zu? Da muss es doch Gegenwehr geben. Klar doch. Gegen das Geortet- und Gefressen-werden haben sich beispielsweise Nachtfalter etwas einfallen lassen: Sie schiessen zurück. Und greifen dabei genau die hohe Perfektion der Fledermaussensoren an. Die Falter produzieren Ultraschall-Laute, die ihren Jägern vorgauckeln, sie seien ungeniessbar. Andere Schmetterlinge haben Ultraschallsensoren. Die Membran am Hinterleib warnt ähnlich einem Radardetektor vor den Signalen. Dann gilt es: Flügel anlegen, ab nach unten, und überleben.

Nachtfalter sind derzeit eine der häufig untersuchten Arten für unterschiedliche bionische Sensor-Anwendungen. Eine davon ist ihre ausgeprägte Wahrnehmung von Düften. Mehr als fünf Kilometer entfernt können manche Falter ein singuläres Molekül des Lockduftes eines Weibchens aufspüren. Das Erkennen homöopathischer Verdünnungen funktioniert allerdings nicht über die Nase, sondern über hauchzarte, federartige Härchen auf den Fühlern.

Auch hier ist die Industrie dicht auf den Fersen. IBM entwickelte einen Geruchssensor namens "Nose" mit freistehenden Federzungen, die einige Zehntelmillimeter lang sind. Die schwingen gleichmäßig, solange bis sich ein Duftmolekül in den künstlichen Federn verfängt, und durch seine Anwesenheit die Resonanzfrequenz verändert. Die Sensorfunktion bei Nose ist ähnlich dem natürlichen Vorbild, die Leistung noch nicht ganz: der künstliche Sensor registriert Gerüche erst ab einigen Milliarden Duftmolekülen.

Daphnien sind zierliche krebsartige Gebilde, die in unwirtlichen Gegenden hausen. Besser bekannt unter ihrem bürgerlichen Namen Wasserflöhe, stellen sie für zahlreiche Süßwasser-Fische, unter anderem Barsche, Maränen und Rotaugen, die Hauptnahrungsquelle dar. Diese sind zum Jagen ihrer Beute auf Licht angewiesen, Daphnien erkennen ihre Feinde auch im Dunkeln. Das fanden Forscher am Max-Planck-Institut für Limnologie in Plön heraus. Chemische Sensoren warnen die nur einen halben bis sechs Millimeter kleinen Tiere vor nahenden Gefahren.

Normalerweise halten sich Wasserflöhe dort auf, wo ihr Futter gedeiht. Futter, das sind Algen und die brauchen Licht. Je heller es ist, umso leichter wiederum ist für die Fische die Jagd. Erkennen die Kleinkrebse chemische Botenstoffe ihrer Verfolger, sogenannte Kairomone, dann geht es schwupps abwärts in die dunkeln Gründe. Die Forschergruppe um Winfried Lampert fand sogar heraus, dass größere Daphnien tiefer tauchen als kleine, weil die Gefahr, entdeckt zu werden, bei ihnen größer ist.

Bleiben die Kairomone über eine längere Zeit bestehen, verändern die Wasserflöhe ihre Form. Sie entwickeln beispielsweise Helme oder Schwanzstacheln, um sich gegen ihre Bedrohung zur Wehr zusetzen. Das ist sinnvoll und sieht witzig aus, kostet aber Energie. Nimmt daher die Duftstoffkonzentration ab, stoppen diese Körperteile ihr Wachstum. Die eingesparte Energie steht nun wieder zur Arterhaltung zur Verfügung (siehe Kapitel 6: Form folgt Funktion, Bionische Design-Gesetze).

Auch im Meer ist es, hunderte Meter von der Oberfläche entfernt, recht schattig. Dort jagen Robben nach ihrem Fressen. Nun ist die Anzahl der Fische in den Tiefen des Eismeeres nicht allzu üppig. Bis zu 700 Meter tief müssen Weddelrobben in der Antarktis tauchen, um an ihr Futter zu gelangen. Mehr als eine Stunde haben sie aus 600 Metern Tiefe Zeit, bis sie wieder an ihrem Tauchloch an der Wasseroberfläche bei minus 32 Grad nach Luft schnappen müssen. Wie man unter solchen Bedingungen existieren kann, untersuchten Zoologen an der University of California in Santa Cruz und Wissenschaftler des Alfred-Wegener-Instituts für Polar und Meeresforschung in Bremerhaven (AWI).

Sie fanden, dass Robben extrem gut hören und sehen können. Und dazu ein wenig mit Tricks arbeiten. Für eine Robbe ist Jagen nämlich so etwas wie ein Schattenspiel. Sie lauert ihrem Opfer von unten auf. Damit hebt sich die Beute gegen die geringe Lichtmenge als Silhouette ab. Auch der Stoffwechsel der Warmblüter hat sich an die Extrembedingungen angepasst: Eine Weddelrobbe verbraucht beim Tauchen viermal weniger Energie als ein Löwe, der in der Mittagssonne träumt. Nur noch sechs mal schlägt das Herz in der Minute bei Tauchgang – statt der normalen 120 Takte. Kräftig Durchatmen beim Auftauchen, dann aber wird alle Luft ausgeatmet, um die Lunge komplett zu entleeren. So ist sie vor Implodieren durch den hohen Wasserdruck geschützt. Denn der entspricht in 500 Metern Tiefe 500 Tonnen Druck auf jeden Quadratzentimeter Haut.

Wo bleibt nun der Sauerstoff, den Säugetiere wie die Weddelrobbe, oder auch der Seeelefant (Tauchtiefe bis 1600 Meter) trotz aller Sparflamme zum Überleben brauchen? In den Muskeln und im Blut. Interessant für

menschliche Anwendungen ist, dass der Herzschlag beim Tiefseetauch-
gang nicht nur um einige Gänge zurückschaltet, sondern auch mal komplett aussetzen kann.

Hätten Autos ein wenig mehr von Vögeln oder Fischen abgeschaut, gäbe
es weniger Auffahrunfälle bei Staus. Fische im Schwarm halten ihren
Abstand zum nächsten auch bei abruptem Richtungswechsel und schnellen Schwimmgeschwindigkeiten konstant. Dichtesensible Sensoren halten den Nachbarn auf Distanz. Die großen Automobilmarken arbeiten fieberhaft an der technischen Umsetzung.

Siemens-Ingenieure tüfteln an einem "Unfalldetektor". Der Bordcomputer
eines künftigen Autos soll einen drohenden Zusammenstoß aus der
Information von Radarsignalen erkennen, die 20 Meter rund um das
Fahrzeug überwachen. Nach Berechnung der Aufprallgeschwindigkeit
und -richtung alarmiert der Bordcomputer die voraussichtlich tangierten
Airbags und einen automatischen Gurtstraffer bereits vor dem Knall.
Nichts entgeht dem denkenden Auto: Sensoren im Sitz melden Gewicht
und Sitzhaltung des Insassen – die Luftmenge in den Airbags wird individuell angepasst.

www

suchbegriffe
robots on the net
NOSE IBM
german robot server
interactive robot
Schabe

In der nächsten Stufe soll die Crash-Warnung so verfeinert werden,
dass sie die Fähigkeit der Fledermäuse übernimmt, zwischen unterschiedlichen Objekten zu unterscheiden. Allerdings geht es hier nicht
um die Kategorien genießbar oder uninteressant, sondern um spezielle Aktionen, wenn das Target ein Mensch ist. Dann nämlich könnte vor dem drohenden Zusammenstoß der Motorhauben-Deckel um
einige Zentimeter angehoben werden. Dies würde vor den Aufprall
des Fußgängers auf dem harten Motorblock noch eine Energie ver-
nichtende Knautschzone schieben.

Alles schön und gut. Aber wäre es nicht besser – nach Art der Katzen –
gleich die Kollision zu verhindern, statt nur ihre Auswirkungen zu min-
dern? Intelligentes Geschwindigkeitsmanagement nennt sich die (umstri-
tene) Technik hierzu. Umstritten, weil deutsche Automobilhersteller es
nicht gern sehen, wenn ihre Super-Autos per Signal aus der Erdumlauf-
bahn gebremst werden. Genau bei diesen Pkw aber gehören Satelliten-
navigation und Tempomat bereits heute zur Grundausstattung und eignen
sich daher gut als Testobjekte. Sind auf der Navigations-CD im Bordcomputer aber nicht nur die Strassen, sondern auch die dazu maximal
zulässigen Geschwindigkeiten vermerkt, ist die computergesteuerte
Zwangsbremsung nur mehr eine Sache der Umsetzung. Und das wider-
strebt so manchem entscheidungsfreudigen Kraftfahrer.

Dass viele technische Lösungen heute noch nicht an ihre natürlichen Pendents heranreichen, gilt auch für den Drucksensor des Skorpions. Nichts entgeht ihm, was sich im Sand abspielt. Noch hauchzarte Vibrationen im Bereich von einem Zehntel Nanometer – das ist weniger als der Durchmesser eines Atoms – erkennt das Sinnesorgan im Skorpionfuß.

Zahlreiche Experimente in der Sensortechnik versuchen weniger, die Funktionsweise der Natur komplett technisch nachzubilden – da sind die Ergebnisse im Vergleich zum Vorbild noch recht mager. Die Kombination von Natur und Technik scheint zumindest als Vorstufe ein besseres Mittel. BioFET und die Nachtfalter-Experimente sind bereits erwähnte Beispiele für eine Schnittstelle zwischen belebter und unbelebter Welt. Schnecken- und Blutegelzellen wurden ebenfalls schon erfolgreich mit Speicherchips verbunden – erste Versuche zur Umsetzung von natürlicher Aktivität in die spröde Welt der Technik.

Warum und wie Insekten fliegen, untersuchen unter anderem Forscher des Miura-Shimoyama-Laboratoriums in Tokio. Auch die Synthese von künstlichen Materialen und Lebewesen steht auf dem Tagesplan der Wissenschaftler. So sind die Bewegungen einer (natürlichen) Küchen- schabe mit künstlichem "Roboaufsatz" elektrisch gesteuert. Die Signale stammen von einem Computer, der die Insektenmuskeln mit Impulsen traktiert. Bis zu eine Stunde lang sind die Hybridinsekten schon den Anweisungen des Computers gefolgt. In anderen Untersuchungen der Forscher aus Tokio gelangten die Computerimpulse über die Insekten- antennen direkt ins Nervensystem.

Wie weit Versuche an lebenden Tieren ethisch zu vertreten sind – auch wenn es sich um allgemein anerkannte Krankheitsüberträger handelt – sei dabei dahingestellt. Immerhin zählen die zahlreichen Schabenarten zu den biologisch gesehen erfolgreichsten Insekten. Seit mehr als 200 Millionen Jahren bevölkern sie unseren Planeten. Schaben können sich von fast allem ernähren; das reicht bis zu Papier und Wolle. Ihre Nachkommen schützen die Schädlinge, indem sie die Eipakete mit einem Chitinpanzer ummanteln. Der ist sogar gegen die stärksten Vernich- tungsmittel widerstandsfähig. Möge sich der Bessere durchsetzen?

Das Team um Wolfgang Knoll vom Max-Planck-Institut für Polymer- froschung in Mainz arbeitet an Biosensoren, bei denen Nervenzellen an Mikrochips gekoppelt sind. Einsatz dieser Untersuchungen könnte bei- spielsweise sein, Neuroprothesen zu entwickeln, mit denen Gelähmte wieder eigenständig gehen können.

Am Virchow-Klinikum für Gesichtschirurgie in Berlin entwickelten Wissenschaftler die weltweit erste bewegliche Gesichtsprothese. Viele Patienten mit teilweiser Gesichtslähmung leiden unter den Reaktionen auf ihre starre Mimik. Nimmt man die Impulse des gesunden Augenlids per Minielektroden und Minimagnete ab und überträgt die Muskelbewegungen auf das künstliche Lid, verbessern sich die Ausdrucksmöglichkeiten enorm.

Nerven und poröses Silizium haben Forscher der britischen Universität De Montfort zusammengebracht. Da die Nervenzellen auf dem Halbleiter optoelektronische Effekte bewirken, können so Nervenimpulse sichtbar werden, oder es kann eine optische Anzeige für künstliche Sinnesorgane entstehen.

Sinn der Biosensoren ist, die Vorteile der Natur – die hohe Empfindlichkeit und Selektionsfähigkeit an optische oder elektronische Bauelemente zur Erfassung weiterzuleiten. Die nachfolgende Verarbeitung per Computer ist dann schon die leichtere Übung.

www

suchbegriffe
laser limited sonar
B. Yamauchi
Coyote Roadrunner Rocky III
evidence grid
University of Tsukuba

Um Berührung erkennen zu können, genügt es eine Pflanze zu sein. Fleischfressende Pflanzen reagieren wie Mimosen schon auf zarte Insektenbeinchen, die sich auf der Pflanzenoberfläche ausruhen möchten. Der Kontakt wird als elektrischer Impuls weitergeleitet. Nach etwas Greifbarem zum Ranken fahnden Kletterpflanzen. Erst, wenn ein geeignetes Objekt ertastet ist, schlingt sich die Pflanze um ihren neuen Halt. (Mögliche) Berührung und Bewegung zu registrieren, sind auch Kerneigenschaften für mobile Roboter. Rechtzeitig vor einem drohenden Zusammenstoß (wir erinnern uns an die Barthaare der Katze) muss die Gefahr erkannt sein und vermieden werden.

Grundvoraussetzung für die eigene Fortbewegung ist zunächst die Fähigkeit, zu navigieren. Einfachere Roboter haben dazu Lagepläne "implantiert". Diese setzen voraus, dass sich die vorgefertigte Umgebung nicht ändert. Verpflanzt man Robby mit Karte in unbekanntes Terrain, ist das wie eine menschliche Reise zu einem unbekannten Stern. Weiter entwickelte Roboter-Generationen können die Umwelt bereits mit Hilfe von Strahlen abtasten und sich so ein aktuelles Bild ihrer Welt anfertigen.

Das Problem an einer dynamischen Karte ist, dass sie rechtzeitig zur Verfügung stehen muss. Wenn der Zusammenstoß mit einem Hindernis erfolgt, bevor das Erforschen und Abtasten der Umgebung abgeschlossen ist, nützt die dann erstellte Karte wenig.

Nomad 200 ist ein mobiler Roboter, entwickelt von Brian Yamauchi im Naval Research Laboratory in Washington, DC. Die wandelnde Tonne erkundet ihre Umwelt mit Hilfe von Audio-, Infrarot- und Laser-Sensoren. Die Sonar-Information und die Laser-Messwerte werden dabei gegeneinander abgeglichen, um vorgegauckelte Ziele durch Spiegelungen zu eliminieren. Seine Welt teilt Nomad ein in unbekannte Gebiete und in erforschtes Territorium, besetzt durch ein Objekt und erforschte, freie Stellen. Die Forscher schickten den wanderlustigen Roboter bereits erfolgreich durch einen normalen Büroraum, vollgepackt mit Stühlen, Tischen, Buchregalen, Konferenztisch und einem Sofa.

Im Intelligent Robot Laboratory der Unitversität von Tsukuba (Japan) entstand die Familie der Yamabicos. Jedes Mitglied der wendigen Robotersippe kann sich eigenständig bewegen mit einer eigenen Energiequelle, Bewegungsaktuatoren, Sensoren und Computer zur Koordination und Steuerung.

Yamabico ist vom Aussehen her in jeder Richtung quadratisch: jeweils 35 Zentimeter lang, breit und hoch. Die 15 Kilogramm Gewicht laufen auf Rädern, nehmen ihre Umgebung wahr über vier Ultraschall-Sensoren auf jeder Seite, die die Abstände bis zum nächsten Hindernis bestimmen sollen. Dieses Messprinzip auf der Basis der Laufzeit des Audiosignals gab den rollenden Würfeln auch ihren Namen: Yamabico heisst auf japanisch: das Echo von den Bergen.

www

suchbegriffe
behavior vision system
biolog Seh systeme
cog project
Kismet MIT
behavior engine
Tinbergen Lorenz behavio

Die schöne Unbekannte am anderen Ende des Tresens kann den einsamen Barbesucher dazu bringen, seinen Platz zu verlassen, um ein Gespräch mit der möglichen Traumfrau zu beginnen. Vor all diesen Aktionen lag zunächst nur die visuelle Wahrnehmung des Ziels seiner Wünsche. Biologische Sehsysteme sind aktive Systeme, die Verhalten steuern und vom Verhalten gesteuert werden.

Bei vielen menschlichen Tätigkeiten wie Autofahren oder Tennis spielen ist die Rückkopplung über unsere Wahrnehmung mit der Umwelt unentbehrlich. Zahlreiche humanoide Roboterprojekte befassen sich mit Modellen, wie Sehen und Hören in der Natur funktioniert, und wie die Reaktion darauf verläuft (bewegen, mehr sehen, akustische Äußerung…). Biometrische-Sensoren werden dann als Kameras, Ultraschall oder Infrarot-Sensoren umgesetzt.

Kismet und Cynthia sind ein ungewöhnliches Paar. Wenn die Wissenschaftlerin Cynthia Breazeal mit ihrem "Schicksal" flirtet, kann kein

Hollywood-Film mithalten. Cynthia schneidet Grimassen und der Roboter imitiert seine Meisterin. Wunderbar komisch. Am MIT (Massachusetts Institute of Technology) ist soziales Roboter-Verhalten wie zusammenfinden, sich wieder trennen und Nahrung finden ebenso Studienobjekt wie der Umgang mit Menschen und anderen Robotern. Kismet ist dabei für die Kommunikation mit Menschen vorgesehen.

Vorbild für die Forschung sind Kleinkinder – Kismet lernt wie ein Baby mit seiner Umgebung zu kommunizieren. Frei nach dem Motto: Was muss ich tun, damit meine Wünsche erfüllt werden? Babys verfügen gleich nach der Geburt über ein erstaunliches Repertoire an Gesichtsausdrücken als Reaktion auf die neue Umwelt. Auch der soziale Roboter kann nicht nur Grinsen – die Intensität seiner Ausdrucksweise ist der Sachlage angepasst. Das ist wichtig, denn Breazeal stellte schnell fest, dass zu starke Reize zu einem völligen Rückzug des sensiblen Geschöpfes führten.

Als sie längere Zeit eine schwarzweiße Stoffkuh heftig vor seinem Gesicht hin und her bewegt, zeigt er zunächst einen missbilligenden Gesichtsausdruck. Dann schließt er die Augen und schaltet ab. Kismet mag offensichtlich keine Reizüberflutung. Nach einer Regenerationsphase ist er jedoch wieder voll da und bereit für weitere kommunikative Taten.

Kismets Repertoire der Gemütsausdrücke umspannt einen Bogen, über den manche Menschen stolz wären. Das Sensibelchen kann sein Gefallen oder Missfallen durch Hochziehen und/oder Krümmen der Augenbrauen zeigen, die Ohren bewegen durch ebenfalls Hochziehen oder Verdrehen. Die Augenlider gehen nach Wunsch auf oder zu, genauso der Mund. Sowohl Ober- als auch die Unterlippe kann Kismet kräuseln und die Mundwinkel nach oben oder unten ziehen. Das bietet Spielraum für eine Palette von Gefühlsausbrüchen: Wut, Müdigkeit, Angst, Abscheu und Begeisterung, Glücklichsein, Interesse, Traurigsein und Überraschung kann auch ein uneingeweihter Beobachter locker unterscheiden.

Was steckt nun hinter den Gesichtsausdrücken, wie bringt man einer Maschine bei, emotionale Regungen zu zeigen? Gesteuert werden Lächeln und Missfallen von zwei parallelen Prozessoren. Einer kümmert sich um die Motoren für die Gesichtszüge, der andere ist für Gefühle, Motivation und Verhalten zuständig. Das Regelwerk, das hinter Kismets Verhalten (behavior engine) liegt, ist durch Psychologie, Ethik, Entwicklungspsychologie und deren Anwendungsmöglichkeiten im Roboterbereich bestimmt. Das Softwaresystem unterteilt sich in die fünf Bereiche: Wahrnehmung, Motivation, Aufmerksamkeit, Verhalten und Umsetzung.

Wahrnehmung konzentriert sich dabei auf Bemerkenswertes in der Umwelt, Motivation kontrolliert den inneren Status in Form von "Will ich" (drive) bis zu den Emotionen. „Müde", „soziales Verhalten" und „Reiz" sind Drive-Kriterien. Schlafen, Geselligsein und Spielen stellen Zielzustände dar. Der Aufmerksamkeitsteil bestimmt die Reihenfolge der Aktionen, abhängig von Wahrnehmung (Gesicht und Nicht-Gesicht) und Motivation. Gefühlszustände sind Wut, Mißfallen, Furcht, Glücklichsein und Traurigkeit, die sich als Zustände ("müde", "Interesse",...) ausdrücken. Das Antriebssystem der Motoren stellt die Umsetzung der anderen Systeme an die Außenwelt sicher.

Nun kann man das alles als Spielerei einer sozial engagierten Wissenschaftlerin abtun. Man kann aber auch etwas weiter denken und sich die Einsatzmöglichkeiten eines Roboters vorstellen, der menschliche Regungen erkennen und daraufhin entsprechend handeln kann. Vom Babysitting bis zur Krankenpflege – beides heute sicher für viele noch nicht vorstellbar – könnte ein emotional reagierender Roboter Hilfe leisten.

Robbi's Ausstattung

Jeder Fehler in der Wahrnehmung, alle Ungenauigkeiten, Unsicherheiten hemmen die Entscheidungslust des Roboters. Deshalb ist das Thema der Sensoren und der späteren Informationsverarbeitung so bedeutend.

Sicher verfügt jeder Roboter je nach Anwendungsgebiet über unterschiedlich ausgeprägte Sensoren, um seine Umgebung wahrzunehmen. Trotzdem lassen sich typische Schnittstellen zur Außenwelt finden. Am Beispiel Lisa haben wir einige charakteristische aufgeführt. Lisa stammt aus der Werkstatt von Real World Interface.

Bewegung (Kinematics)
Lisa rollt mit knapp einem Meter pro Sekunde durch die Welt. Wie beschrieben, gibt es Roboter mit unterschiedlicher Anzahl von Rollen und Beinen und manche bestehen sogar nur aus einem Rad (Gyrover, voriges Kapitel). Manche bewegen sich im Wasser ähnlich wie Fische vorwärts, andere konventionell per Schraubenantrieb. In der Luft hat sich in technischen Entwicklungen das Flattern noch nicht durchgesetzt, man baut auf starr befestigte Flügel.

Druck/Berührung (Tactile Sensors)
Den Abstand zu Hindernissen am Weg messen viele durch die Reflexion von vorher ausgesandten Wellen (Radar, audio, visio). Manchmal, wie bei Lisa, gilt aber auch das Berührungs-Prinzip: Holla, da ist ja was, da muss ich umkehren.

Optisch
Kameras und Infrarot-Reflexionsmessungen sind hier gängig. Manche Kameras können durch Überlappung der Aufnahmebereiche ein Quasi-Stereo-Bild liefern. Infrarotlaser dienen zur Lagebestimmung von Hindernissen.

Schall
Mit Hilfe von Ultraschallsensoren bestimmt Lisa Entfernungen. Lautsprecher und Mikrophone gehören zum Standardequipment.

Computer
Ohne die Schaltzentrale dahinter, in der alle Fäden zusammenlaufen und die Informationen ausgewertet und umgesetzt werden, geht natürlich nichts. Und die wiederum braucht Energie: Batterie, Akku oder sonstige Stromversorgung. Navigationssysteme und Muskelaktuator-Steuerungen stellen zwei spezielle Teile der künstlichen Denkeinheit dar.

Die sensorielle Ausstattung von Robotern ist, wie erwähnt, unterschiedlich und eben der Konstruktion und dem Einsatzzweck (beispielsweise spezielle Detektoren zum Aufspüren von Minen) angepasst. Weitere mögliche Sensoren können etwa auch zur Bestimmung von Beschleunigung und Drehrate dienen.

Wahrnehmung hängt einmal von den Sensoren ab und dann von der Verarbeitung der Information. Speicher, Datenbank und intelligentes Programm (siehe nächstes Kapitel: Gedankenverbindungen) bilden die Basis für die Entscheidungen der wandelnden Maschinen.

In der Sensortechnologie besteht das Umsetzen von Lösungen aus der Natur heute noch zum Großteil darin, nur die Idee zu nehmen – also etwa "Schwingungssensor" – die konkrete Umsetzung in der Natur aber nicht abzugucken. Dies mag auch daran liegen, dass die speziellen Sensoren im Tierreich sehr komplex sind und ihre genaue Wirkungsweise nicht leicht einsehbar ist. Bei Menschen funktioniert Wahrnehmung zu einem wesentlich größeren Teil auf Kombination und Rechenarbeit des Gehirns, als auf hoch spezialisierten Sensoren. Das Gehirn wiederum 1:1 nachzubilden, wird noch einige Jährchen dauern. Es ist ein Meisterstück an Verarbeitung, Speicher und dem Schuss Kreativität, der so schwer in Robby einzupflanzen ist.

Erste Ansätze sind jedoch auch bei bionischen künstlichen Sensoren vorhanden und das wird sich in Zukunft mit Zunahme der Forschungen – und damit des Verständnisses der Vorgänge – sicher ausweiten.

Vom Gesichtspunkt des Wunsches zu fliegen, ist
die Schwerkraft ein limitierender Faktor.

Vom Gesichtspunkt am Boden zu bleiben, unterstützt
dich die Schwerkraft.

Manchmal ist der einzige Weg zur Selbsterkenntnis,
sich mit den Augen der anderen zu sehen.

Aus einer anderen Perspektive sieht die Welt anders
aus. Ein neuer Fokus lässt dich deine Umgebung neu
entdecken. Die Welt entsteht täglich neu.

In der Evolution lasse ich Gewohntes zurück, um
Neues zu entdecken.

Die Existenz von Regeln hängt von deinem Blickwinkel
ab: nach oben, nach vorne, auf die Schwerkraft, die
Wolken; auf willkürliche Regeln?

Kann ich mir eine Welt ohne Regeln vorstellen? Wie
würde ich auf diese Freiheit reagieren?

Ich würde versuchen, sie anzupassen. Anpassen so
lange, bis sie meinen Vorstellungen entspricht.

Aber ich möchte mich nicht auf eine bestimmte
Sichtweise festlegen lassen.

10

«Das lieferte den ersten entscheidenden Hinweis darauf, was genau nicht stimmte…Ein Meteorit hatte ein großes Loch in das Schiff geschlagen. Was vom Schiff bisher nicht registriert worden war, weil der Meteorit haargenau jenen Teil aus der Prozess-Steuerungsvorrichtung des Schiffes herausgeschlagen hatte, der registrieren sollte, ob das Schiff von einem Meteoriten getroffen worden war.»

Douglas Adams, «Einmal Rupert und Zurück» (1995)

Gedankenverbindungen

Alle gängigen Computer basieren auf der Null und auf ihrem Unterschied zur Eins. Jedes konventionelle Computerprogramm lässt sich auf eine Abfolge von Nullen und Einsen zurückführen. Diese mathematische Ein-Aus–Reihe lässt sich auf die Hardware des Computers ganz leicht übertragen – Strom darf durch das Schaltelement fließen (eins) oder auch nicht (null).

www

suchbegriffe
fuzzy method
possibility theory
measures of information and uncertainty
non standard logic*
fuzzy expert system
hybrid systems
intelligent systems
EUSFLAT european society of fuzzy logic and technology
mkant+fuzzy-faq
fuzzy control

newsgroup
comp.ai.fuzzy

Eine Schwarzweiß-Logik entspricht aber nicht der Realität. Oft gibt es Vielleicht-Entscheidungen, oder Entscheidungen, bei denen es beispielsweise 40 Prozent ja und 60 Prozent nein heißt. Die Wahl zwischen «Italiener» und «Griechen» für das abendliche Dinner wird wohl selten so ausfallen: keinesfalls Pizza. Eher schon: heute lieber Gyros statt Pasta.

Also wird es Zeit, dass auch Computer lebensnaher denken lernen. «Fuzzy» heißt eigentlich so viel wie undeutlich oder verschwommen. Fuzzy Logic beinhaltet keine klaren Grenzen. Keine strikte Null oder Eins mehr. Forschungscomputer tun es schon heute und bald werden auch unsere privaten Computer aus intelligenter Programmierung bestehen.

Norns sind Lebewesen, die wie Menschen sehen, hören, riechen, Wärme, Kälte und Schmerz empfinden können. Je nach Lust und Laune sehnen sich die kleinen Kobolde nach Ruhe, Abwechslung, Nahrung oder dem anderen Geschlecht. Das allerdings nicht auf der realen Erde sondern in einer künstlichen Computer-Umwelt.

Die Kreaturen gehen auf die Programmierungen eines britischen Lehrers namens Stephen Grand zurück. Grand definierte seine Creatures sehr lebensnah. Beispielsweise ist einem Norn angeboren, alles, was es findet, zunächst in den Mund zu stecken. Frei nach dem Motto: wird schon was Essbares dabei sein. Erlerntes Verhalten ersetzt erst später die anfängliche Pauschalierung: alles im Leben ist nahrhaft.

Fuzzy Logic

Sanfte Übergänge sind für den Menschen kein Problem. Wo die Grenzen liegen, kann er trotz unscharfer Zuordnung mit seinen Sinnen und der anschließenden Verarbeitung im Gehirn feststellen. Ein Computer, der hingegen nur wahr und falsch, ja und nein oder schwarz und weiß kennt, ist durch seine binäre Arbeitsweise in der Verarbeitung von Umwelteindrücken stark behindert.

Lofti A. Zadeh hauchte 1965 mit seiner Erfindung der unscharfen Logik auch Computern ein wenig menschenartiges Denken ein. Der Informatikprofessor der University of Berkeley (UCLA) erfand sprachliche Variable, die zu sogenannten Fuzzy Sets zusammengefasst werden. Da wäre beispielsweise ein Set Temperatur, das folgende Elemente enthalten könnte: warm, kalt, angenehm, Heizen erforderlich, trocken, feucht, viel Flüssigkeit zu sich nehmen, Anorak anziehen, Shorts usw.

Die einzelnen Elemente gehören nicht eineindeutig einem bestimmten Set an, sondern nur zu einem bestimmten Prozentsatz. So entspricht etwa der Variablen «groß» kein eindeutiger Wert. Selbst verknüpft mit dem Attribut «Wohnung» mag eine 60 Quadratmeter-Wohnung für einen Single durchaus okay sein, für die vierköpfige Familie aber beengend. Dann kann da auch noch das Land mitspielen. So unterscheiden sich die Begriffe große Wohnung in Japan durchaus von europäischen oder gar amerikanischen Vorstellungen. Groß ist also selbst bei Wohnungen kein fixer Wert von etwa 100 Quadratmetern, sondern muss in Bezug zu anderen Werten gesehen werden und kann maximal mit einer Wahrscheinlichkeitsaussage, etwa "100 Quadratmeter sind meist groß bei einer Wohnung" gesehen werden.

Die Sets sind durch praktisches Wissen miteinander verbunden, das in sogenannten Regeln als Wissensbasis (Knowledge base) dargelegt ist. Das System (genauer: der Fuzzy Controller) wählt dann aus, welche Regeln zutreffen, und handelt entsprechend.

Es gibt unterschiedliche Arten von Fuzzy Controllern. Eine Möglichkeit ist der PID (Proportional Integral Derivative). Der PID sieht sich das Ergebnis aus seinen Werten und Regeln an und vergleicht es mit dem angestrebten Zustand des Systems (Mensch fühlt sich wohl oder U-Bahn stoppt an optimaler Stelle). Dann verändert es die Eingangswerte in seiner Auswahlgleichung so lange, bis das Ergebnis ausreichend gut ist.

Obwohl Fuzzy Logic aus den USA (Kalifornien) stammt, erlebte sie zunächst in Japan ihre Blüte. Konzerne wie Nissan, Subaru, Canon, Matsushita, Sony, Minolta und Toshiba setzten Zadehs Theorien schnell in mehr als 1500 praktische Anwendungen um. Mittlerweile schwappt der zukunftsorientierte Praxisansatz wieder in die USA und auch auf Europa über. Alle Anwendungen mit komplexen Ablauf-prozessen, bei denen Expertenwissen in sprachlicher Form vorliegt, sind bestens geeignet für die Unschärfelogik.

Eine Videokamera, die leichte Wackelbewegungen der menschlichen Hand aus-gleicht, die Waschmaschine Aisaigo ("Meine geliebte Frau") von Matsushita, die den Verschmutzungsgrad der Wäsche berücksichtigt, um dann aus 600 möglichen Programmen das optimale auszuwählen, und der Camcorder von Sanyo, der das Bild in unterschiedliche Helligkeitsregionen aufteilt und messerscharf schließt, dass nicht die große Fläche des weißen Berghanges, sondern der kleine Mensch davor, Ziel des Fotografen ist, sind Beispiele für angewandte Fuzzy Logic.

Als erster Industriekonzern setzte Hitachi 1988 die unscharfe Steuerung für U-Bahnzüge ein. Ein erfahrener Lokführer weiß, wie er den Zug steuern muss, dass er am richtigen Ort hält. "Bei vollbesetzten Zügen muss man stärker bremsen, als bei leeren Zügen" wäre eine der Regeln, die sein Expertenwissen ausmachen und in dieser Form an einen Fuzzy-Controller weitergegeben werden kann. Die selbst gesteuerten Fahrzeuge in der japanischen Stadt Sendai bremsen so sanft, dass sich Passagiere nicht mehr festhalten müssen. Zudem sank der Energieverbrauch seit der neuen Steuerung um rund 10 Prozent.

Wenig Sinn macht die Anwendung von Fuzzy Logic, wenn konventionelle Steuerungsansätze auch zum Ziel führen (…wenn Wert gleich 1, dann einschalten, sonst ausgeschaltet lassen…), einfach lösbare mathematische Ansätze (Gleichungen, Modelle) existieren, oder das Problem komplett unlösbar ist.

Einige Beispiele zur Anwendungen von Fuzzy Logic:

- Vermeidung von ungewollten Temperaturschwankungen in Klimaanlagen (unter 12 Grad Außentemperatur heizen, sonst nicht, wäre ein konventio-neller Ansatz)
- Cruise control bei Autos
- Frühwarnsysteme für Erdbeben
- Krebsdiagnose
- In der Kombination mit Neuronalen Netzen
- Handschrifterkennung und Auswertung mit Palmtop-Computern
- Bilderkennung bei Videokameras
- Robotersteuerung
- Technisch optimale Steuerung von (Auto-)Motoren, Einspritzung
- Automatische Steuerung von Kameras oder Haushaltsgeräten
- Vibrationskompensation bei Videokameras
- Spracherkennung…

Vor Niesen und Husten ist ein Norn nicht gefeit. Erhält es nicht die richtigen Kräuter dagegen, haucht das Computerlebewesen sein zartes Leben aus. Kommt Ihnen das alles bekannt vor? Die Tamagotchi-Hysterie Ende der neunziger Jahre erfasste weite Teile der Bevölkerung, fast unabhängig von Alter und Geschlecht.

Aber hinter dem niedlichen Spielzeug steckt mehr, als auf den ersten Blick ersichtlich. Ursprünglich waren die Programme der achtziger Jahre wie "Creatures" oder "Logo" (eine intelligente Schildkröte) Spielwiese durchaus seriöser Wissenschaftler. Sie wollten mit ihren komplexen Programmen sehen, wie sich die Natur unter bestimmten, veränderbaren Vorgaben entwickelt. Im Computer sprießen die Ergebnisse per virtuellem Zeitraffer statt in Milliarden Jahren eben ein klein wenig schneller.

www

suchbegriffe
EVOROBOT
evolutionary robotics
evolvable systems
evolvable hardware
Evo Net

webadresse
www.cyberlife.co.uk

Alle Creatures besitzen ein strukturiertes Gehirn mit Gedächtnis. Das Gehirn ist wie beim Menschen als miteinander Informationen austauschende Neuronen ("Nervenzellen") realisiert, als sogenanntes neuronales Netz. Während ersterer allerdings über mehr als 100 Milliarden Nervenzellen verfügt, muss ein Norn mit rund 1000 künstlichen Neuronen auskommen. Diese Zahl ist genetisch vorgegeben und kann sich durch Mutation bei den Nachkommen ändern.

Mit jeder Situation werden dazu erfolgreiche Handlungsstrategien im neuronalen Netzwerk abgespeichert: so befriedigt Kuchen essen zwar den Hunger, nicht aber Durst. Auch die Chemie muss stimmen im Computermodell. Etwa kennt der Ernährungsprozess Glucose, Glycogen oder Aufputscher wie Adrenalin. Glucose ist dabei so definiert, dass sie aus

Von Mobots und intelligenten Bausteinen

R2D2, bekannt aus Film und Fernsehen ("Starwars"), ist ein Mobot. Der MObile RoBOTer kann sich in unbekanntem Gebiet selbständig orientieren und navigieren. Mobots besitzen keine vom Programmierer vorgegebene Landkarte ihres Wirkungsbereiches. Dementsprechend müssen sie fähig sein, zu lernen, aus gegebenen Anfangsbedingungen ihre Wirklichkeit ohne Hilfe eines Menschen zu erstellen.

Sensoren bilden die Schnittstelle des mobilen Roboters zur Außenwelt und liefern die Daten zur Umweltbestimmung. Er tut dies nach der Methode Versuch und Irrtum und evolutionären Rechenmethoden. So geht etwa die Anzahl der Zusammenstöße mit anderen Objekten in die Fitnessberechnung für die optimale Robotersteuerung mit ein. Ein guter Orientierungssinn zeichnet sich bei Mobots durch Vermeidung von Kollisionen aus.

Der rollende Suppenteller des Electrotechnical Laboratory (ETL) des japanischen Handelsministeriums (MITI) hat einen Durchmesser von 25 Zentimeter. Zehn Infrarot-Entfernungssensoren sind in gleichen Abständen an seiner Peripherie platziert. Sie melden jedes Objekt im Umkreis von 30 Zentimetern an die reaktive Robotersteuerung. Zwei Kameras haben alles im Auge. Die Entfernungsmessung gemeinsam mit der genauen Ortsbestimmung aus den Kameras liefert dem Robot-Controller die Daten zur Bestimmung der Handlungen, die er dann zur Bewegungssteuerung an zwei unabhängige Motoren weiterleitet.

Acht Freiheitsgrade sind dem Mobot des ETL vorgegeben: zwei für eine geradlinige Bewegung (translatorisch), zwei für Drehbewegungen (Rotation) und vier für die Kombinationen aus Rotation und Translation. Trotz der überschaubaren Anzahl von Freiheitsgraden, setzt jede kleinste Entscheidung ("rolle ich jetzt links oder rechts daran vorbei") ganz schön schnelle Rechenarbeit voraus. Hardware, die sich dynamisch neu gestalten lässt (Evolveable hardware), hilft den Wissenschaftlern des ETL dabei.

Neue Schaltkreise, die sich selbständig und kontinuierlich an veränderbare Gegebenheiten anpassen, sind der Natur abgeguckt. Sie stellen die ideale künstliche Plattform dar, um ständig wechselnde Verknüpfungsmuster, wie sie in neuronalen Netzen auftreten, umzusetzen. Dabei werden nicht mehr funktionsfähige oder nicht mehr existierende Verbindungen oder auch ausgefallene Bauteile durch dynamische Neuschaltung überbrückt. Ähnlich, wie man von München nach Frankfurt entweder über Nürnberg, genauso gut aber auch über Stuttgart fahren kann. Oder den Termin in Frankfurt ganz einfach nach Hamburg verlegt. Alles ist möglich. Als weitere Stufe haben die KI-Tüftler selbst regenerierende Bauteile entwickelt. Und damit sind wir einen großen Schritt weiter im Bestreben, uns die Vorteile der Natur nutzbar zu machen. Denn die Natur ist ein Meister der Regeneration, Wiederherstellung und Erneuerung.

Stärke entsteht, in ein Fettdepot (Glycogen) umgesetzt wird, und bei körperlicher Anstrengung abnimmt. Darüber hinaus setzt sie den Stoff

"Hunger minus minus" frei, der die Lust auf Nahrung verkleinert. Selbst Alkohol zeigt in der Computerumwelt durchaus bekannte Züge. Er lässt Norns torkeln, erhöht ihre Aggressivität und die Paarungsbereitschaft. Reaktionsgleichungen geben vor, um wieviel sich die einzelnen Stoffmengen je Zeiteinheit verändern. So entsteht für den Betrachter ein recht plausibles Verhalten der Creatures.

Gehirnforschung und Künstliche Intelligenz (KI) waren anfangs zwei komplett unterschiedliche Disziplinen, deren eine Betreiber Biologen und Mediziner waren, im Gegensatz zu den Computerfachleuten. Je mehr Geheimnisse aber auf beiden Gebieten aufgedeckt wurden, umso mehr fingen die Väter (und Mütter) der Roboter an, sich auch für medizinische Tatsachen zu interessieren. Dem Stadium des Sezierens und Beobachtens an realen Lebewesen wiederum folgten mit zunehmender Erkenntnis die Computersimulationen der Vorgänge im Gehirn.

www

suchbegriffe
Conference evolvable system
evolvable MITI
self-repair hardware
autonomous robot
fitness analysis
hopfield net

Die "KI"-ler kamen auf den Boden der Realität zurück: nicht mehr die-eins-zu-eins Abbildung eines erwachsenen Menschen war gefragt ("Frankenstein"). Mittlerweile bemüht man sich, das Verhalten und das Lernvermögen von Kleinkindern und Tieren zu simulieren. Beides ist notwendig, soll der Roboter Eigeninitiative entwickeln und selbständig Entscheidungen aufgrund seiner zunehmenden Erfahrung treffen (autonome Roboter).

Das menschliche Gehirn verbraucht rund 25 Prozent des Sauerstoffes, den der Mensch einatmet. Das zeigt schon, dass Nerven bei ihrem Informationsübertrag ganz schön Leistung bringen. Zudem sind die

Neuronale Netze – Die Wege der Gedanken

Eine menschliche Nervenzelle (Neuron) sieht aus wie das Abbild eines Baumstumpfes, der nach allen Seiten Wurzeln verzweigt. Die meisten davon sind Wege für die Eingangssignale zur Zelle, die sogenannten Dendriten, nur einer ist zur Ableitung der Informationen an andere Zellen bestimmt: der Axon.

Nur einige Zehntel Mikrometer lang sind dabei die Dendriten. Der Axon hingegen kann von einem Millimeter bis zu einem Meter reichen (etwa, wenn das Signal an eine Muskelzelle übermittelt werden muss) und die Information mit rund 100 Metern pro Sekunde weiterleiten. Damit die Rechnung zwischen Eingang und Ausgang einer Zelle aufgeht, muss sich der Axon vor Erreichen der nächsten Zelle ebenfalls aufspalten. Das tut er auch und zwar knapp vor der nächsten Zelle. Der

Punkt, an dem der Axon des einen Neurons endet und in den Eingangskanal (Dendrit) der nächsten übergeht, nennt sich Synapse.

Auf diese Art ist jedes der 10 Milliarden Neuronen normalerweise mit rund 10 000 anderen Neuronen verbunden. Diese Kopplung ist allerdings nicht zu allen gleich stark ausgeprägt. Nach der sogenannten Hebb-Regel ist die Verbindung umso enger, je öfter zwei Neuronen beim selben Ereignis feuern.

Jedes Neuron enthält einen Zellkern, der durch Kaliumionen negativ geladen ist gegenüber der Membranaußenseite. Nun kommt es darauf an, in welche Richtung und wie stark die Spannungsimpulse fließen. Sehr vereinfacht dargestellt. Bei Anregung eines Neurons strömen mehr Impulse über die Natriumionen in die Zelle ein, als über die Kaliumionen nach außen. Wenn sich die Nervenzelle in Ruhe befindet, beträgt die elektrische Ladungsdifferenz des Kerns (Kaliumionen) zur Zellaußenwand (Natriumionen) minus 70 Millivolt.

Ab einer bestimmten Spannungsmenge bildet sich ein sogenanntes Aktionspotential. Das heißt, die Zelle wurde über einen Schwellwert (40 Millivolt) angeregt und "feuert" nun selbst – gibt also ihrerseits das Wissen über ihre Nervenfaser (Axon) an andere Nervenzellen weiter. Information verbreitet sich so als elektrochemisches Signal von Neuron zu Neuron.

Bei Lebewesen ermöglicht die komplizierte Verknüpfung der Neuronen nach festgelegtem Muster Sehen, Lernen, Erinnern, Denken und das Bewusstsein. Das gilt allerdings nicht von Anfang an. Zwar verfügen Menschen schon bei der Geburt über einen Großteil ihrer Nervenzellen. (Nach heutigen Erkenntnissen, denn Biologen der Princeton University in New Jersey (USA) fanden kürzlich, dass im Gehirn von Meerkatzen (Makaken) täglich mehrere tausend Nervenzellen neu entstehen. Warum sollte das nicht auch für den Menschen zutreffen?

Dass die Gehirnmasse bei der Geburt erst einem Viertel der eines Erwachsenen entspricht, schreibt man heute den später entstehenden zahlreichen Nervenfortsätzen zu, deren Verknüpfungen und dem Wachsen der Neuronen. Ausreichende Stimulation des Gehirns von den ersten Lebensjahren an ist Voraussetzung, dass die Verknüpfungen auch dort sitzen, wo sie hingehören. Erst die sensorischen Reize der Außenwelt wie Berührung, Sprache oder Bilder führen zur normalen Entwicklung des Gehirns.

Ähnlich funktionieren auch künstliche neuronale Netze, die zur Steuerung von Robotern eingesetzt sind. Das Problem ohne selbst lernendem neuronalen Netz liegt darin, dass der Programmierer des Computergehirns sonst alle möglichen Situationen und die darauf folgenden Handlungen im Voraus im Detail kennen müsste. Ein Roboter als Haushaltshilfe oder Minensucher muss sich aber in unterschiedlichen Umgebungen zurechtfinden und seine Aufgaben erledigen können. Egal, wo das Sofa nun steht und ob es rot oder blau ist. Oder ob im Meer Fische vorbei schwimmen oder neugierig an den Sensoren knabbern.

Verbindungen zwischen den Zellen nicht einfach „existent" (1) oder „nicht vorhanden" (0), sondern bestehende Kopplungen variieren in ihrer Stärke. Die wiederum steht in engem Zusammenhang mit Lernprozessen.

"Auf die Herdplatte greifen – heiß – Finger verbrennen – Finger weg" bewirkt sicher eine stärkere Verbindung als "Sonnenschein – warm – lächeln". Denn Sonnenschein hat vermutlich auch Kopplungen zu kalten Wintertagen oder zu unangenehmen Ereignissen. "Wenn Sonnenschein, dann stets lächeln" – so einfach geht die Programmierung also auch für ein Robotergehirn nicht, soll es sich an unterschiedliche Situationen anpassen können.

Künstliche Neuronale Netze haben das menschliche Gehirn als Vorbild. Typischerweise bestehen sie aus vielen hundert einzelnen Verarbeitungseinheiten (Nodes), die über ein komplexes Netzwerk miteinander verbunden sind. Die Nodes entsprechen dabei den menschlichen Neuronen, die feuern, sobald das Eingangssignal einen bestimmten Schwellwert übersteigt. Die Kopplungsstärke der Einheiten kann nach Vorgaben angepasst werden.

Dieses Konzept ist wesentlich ähnlicher seinem natürlichen Vorbild als konventionellen Computerprogrammen. Die haben seit ihren ersten Computer-Entwicklungen in dern 40er Jahren eine zentrale Verarbeitungseinheit (CPU, Central Processing Unit), die nach fest vorgegebenen

Transputer...

...ist kein Begriff aus der Babysprache, sondern ist ein Baustein zum schnelleren Denken. Transputer setzt sich aus den Worten TRANSistor und ComPUTER zusammen.

Während gängige Computerhersteller werben, dass sie den "xy-Prozessor inside haben", ist das für richtig schnelle Verarbeitung von Information Schnee von gestern. Hier sind, statt EINEM Prozessor, der seine Aufgaben nacheinander abarbeitet, mehrere Prozessoren parallel am Werk. Dementsprechend nennt sich diese Technik Parallel Processing.

In der Natur ist Mehrfachverarbeitung bestens eingeführt: wir können sehen, sprechen, und nebenbei auch noch manuelle Tätigkeiten ausführen wie Flugzeug fliegen oder bügeln. Ohne, dass es in unserem Kopf zu einem Sensory Overload kommt. Auch alle Tiere haben während ihrer (schnellen) Fortbewegung ihre Sensoren auf Empfang und können dabei problemlos trällern, bellen oder miauen.

Transputer sind Prozessoren, die nicht nur stur alleine vor sich hin werkeln und daneben eben noch einen Prozessor haben, der gleichzeitig einen anderen Teil des Programmes abarbeitet. Sie kommunizieren zusätzlich während der Verarbeitung mit den anderen Prozessoren. Jeder Transputerchip enthält also einen Speicher, den Befehlssatz (die festgelegten Regeln) und direkte Kommunikationskanäle.

Die ersten Transputer wurden 1983 zur Fehlerbehebung in komplexen Systemen gefertigt. Heute finden sie aufgrund ihrer Leistung und ihres Aufbaues Anwendung zur Steuerung und Echtzeitverarbeitung von Signalen.

Regeln (Programmen, Software) Daten nacheinander von einem Speicher (memory) lädt und auch wieder Daten auf diesen schreibt. Die einzige "Intelligenz" konventioneller Rechner besteht in ihrem festen Code: der Software, die 1:1 von Menschen programmiert wurde.

Statt einer einzigen, mächtigen CPU verfügen neuronale Netze über viele an sich bedeutungslose Einheiten, die parallel geschaltet sind. Keine zentrale Kommandoeinheit existiert mehr, die fest vorgegebene Regeln an Programme diktiert. Im Computer-Fachjargon nennt sich das Parallel Processing.

Auch das Abspeichern von Programm-Daten muss anders erfolgen. Die fixe Zuordnung von Werten zu Sektoren auf einem Speichermedium macht keinen Sinn. So funktioniert menschliche Erinnerung nicht. Wir ordnen einem anderen Menschen nicht nur einen bestimmten Platz in unserem Gehirn zu. Die Information wird viel mehr aufgeteilt auf einzelne Informationseinheiten wie: Aussehen, Charakter, Größe, letztes Treffen, angenehm, gemeinsame Bekannte, Ereignisse... Durch Verknüpfung der Einheiten (Assoziation) haben wir stets alle zusammenhängenden Daten wieder parat.

Einfache neuronale Netze setzen dies um, in dem ihren Nodes (Neuronen) zwei Zustände zugeordnet sind: nämlich feuern und nicht feuern. Und zu jedem Ereignis von außen kann jeder Node seinen

Woraus besteht ein Neuronales Netz?

Genauso wenig wie es das "Haus" an sich gibt, existiert "das Künstliche Neuronale Netz (KNN)". Unterschiedliche Modelle und Ansätze versuchen, möglichst gut, menschliche Gehirnfunktionen nachzubilden.

Dennoch lassen sich einige Basiselemente, Strukturen und Design-Regeln finden. So enthält jedes KNN:

- Neuronen als Verarbeitungselemente
- mit Aktivitätszuständen
- und einer Ausgabefunktion je Neuron
- eine Verbindungshierarchie (etwa Eingangsschicht, Black box, Ausgabeschicht)
- Regel zur Weitergabe der Aktivitätsmuster von einem Neuron zum nächsten
- Regel wann/wie ein Neuron aktiviert wird (abhängig von Signalen) und seines neuen Aktivitätszustandes
- Lernregel zur Anpassung der Verbindungsstärken ("Gewichte") der Neuronenkopplung an eine Netz-Umgebung

KNN enthalten beim Start des Programmes auch festgelegte Regeln. Der Unterschied zur konventionellen Programmierung besteht jedoch darin, dass diese Regeln nur einer Art Grundgesetz entsprechen. Wie eine Bevölkerung dieses anwendet und was sie daraus macht, ist nicht vorhersehbar. Im Gegensatz zu Marionetten, die sich nur nach einem mehr oder minder komplexen, aber festgelegten Ablauf in einem beschränkten Rahmen bewegen können ("Konventionelle Programmierung mit einem zentralen Prozessor").

Künstliche Neuronen haben im Gegensatz zu natürlichen Nervenzellen keinen Ausgangskanal (Axon). Nachgeschaltete Neuronen fragen statt dessen ihre Vorgänger ab. Die Stärke der Kopplung zwischen jeweils zwei Neuronen wird durch sogenannte Gewichte festgesetzt. Ein Gewicht ist dabei eine Zahl, die mit dem Signal multipliziert wird und dadurch das Signal verstärkt oder vermindert.

Zustand ändern – je nach den Wahrnehmungen seiner Sensoren und den Signalen von anderen Nodes. Dieser Prozess regelt sich selbst ohne (Computer-)Eingriffe von außen. Er läuft vollkommen automatisch ab.

Auslöser zum Feuern oder Weiter-Ruhen sind die Sensoren, die Tore zur Außenwelt. Eine Katze, die scheinbar unbeteiligt in der Sonne döst, hat trotzdem alle ihre Sensoren stets auf Empfang. Trippelt ein leises Mäuschen ins Blick-/Tast-Hörfeld, wird das andere Reaktionen auslösen als ein Revierfremder Hund. Auf zum munteren Jagen, auf Kampf einstellen oder flüchten – heißen die dazugehörigen Entscheidungsvarianten.

Die Verarbeitung der visuellen Information ist zunächst Basis für weitere Verarbeitung und Entscheidung. Objekt kreuzt Bildfläche ist aber keine ausreichende Information. Wonach unterscheidet die Katze, was zum Attribut Maus (ungefährlich und lecker) gehört und was zu Hund (Freund oder Feind, in jedem Fall zunächst Achtung)? Muster Erkennung (Pattern Recognition) ist der Fachausdruck der künstlichen Netzwerker dazu.

Sowohl zu Maus als auch zu Hund sind im Katzenhirn spezielle Eigenschaften assoziiert, also Neuronen mehr oder minder stark aneinander gekoppelt. Bekannterweise gibt es Katzen, die mit Hunden in ihrer Umgebung recht gut zusammenleben, während der Großteil schon beim ersten "wuff" vermutlich jedes Körperhaar einzeln sträubt und auf Drohgebärde schaltet. Es gibt eben bei Lebewesen keine fixe Verdrahtung von Einzelinformationen.

Netzstrukturen

Auch hier gibt es keine festgelegten Normen zum Aufbau. Mögliche Verbindungstypen zwischen den Neuronen der Netzschichten sind:

- direkte Rückkopplung (Ausgang eines Neuron wird mit dem Eingang des gleichen Neurons verbunden)
- indirekte Rückkopplung (es existiert mindestens eine für das Ergebnis "unsichtbare" Zwischenschicht)
- laterale Rückkopplung (Verbindung zwischen Neuronen in der selben Schicht)
- Abkürzungen/shortcuts (Verbindungen, die einzelne Schichten überspringen).

Nach welchen Kriterien erfolgt nun der Entscheidungsprozess: Hinlaufen oder weglaufen? Eine Computerlösung für die Verkettung von Erfahrungsinputs zur Entscheidungsfindung ist im sogenanntes "Perceptron" realisiert. In diesem Modell sind die Neuronen in Schichten angeordnet. Das Sensorsignal des Eingangsmusters (Tier, klein, bewegt, trippelt, grau...) erreicht zunächst die Neuronen in der obersten Ebene. Diese sind mit einer weiteren, der sogenannten "versteckten Schicht" (Hidden layer) verbunden. Und erst von hier wird das Signal je nach einzelnen Nodes-Zuständen weiter geleitet an die Ausgabeschicht.

Durch die unsichtbare Zwischenebene, die sehr komplex realisiert sein kann, gibt es keine direkte Verbindung zwischen Neuronen der Eingangs- und der Ausgangsschicht. Abstrahiert gesehen: wenn das Eingangssignal ein Dreieck ist, kann das Ausgangssignal zwar auch ein Dreieck sein, genauso gut aber auch alles andere – abhängig von den Zuständen in der "Black Box" der Zwischenebene.

Einfache Zusammenhänge, wie: sieben Uhr morgens, also Wecker triggern, lassen sich auch einfach in feste Regeln packen. Bei komplexeren Unterscheidungen, wie: Ist das da vorne ein Zielobjekt (Mine) oder nur ein unbeteiligter Fisch? muss Lernfähigkeit gegeben sein. Das Perceptron-Modell erhält als Anfangswert ein einfaches Grundmuster für Eingangs- und Ausgangswerte. In etwa nach der Babymethode: zunächst alles in den Mund stecken und dann entscheiden, ob das Ding essbar ist und Ergebnis mit zugehörigem Muster (rot, unförmig rund, Apfelgeruch) abspeichern.

Das Perceptron vergleicht dabei das Ausgangssignal mit dem Sollwert ("War es schmackhaft?"). Dadurch ergibt sich ein Fehler. Nun probiert das System so lange unterschiedlich starke Kopplungen zwischen einzelnen Neuronen durch ("verändert seine Gewichtungen"), bis der Fehler ausreichend klein ist.

Wie bei Lebewesen gewinnt auch das künstliche neuronale Netz mit Zunahme der Versuche an Erfahrung und Wissen. Professor Rolf Pfeifer von der Universität Zürich erklärt das so: "Ein Roboter, der Abfall einsammeln soll, muss lernen, zwischen Papier, Dosen, Flaschen (einsammeln) und Kindern (unbehelligt lassen) zu unterscheiden". Bei jeder richtigen Tat speichert ein elektronisches Verstärkersignal den Treffer. So lernt Robby, tatsächlich nur Abfall einzusammeln.

Ein System kann diese Fehler/Diagnose-Rückkopplung selbständig durchführen oder durch Rückkopplung von außen, in dem wie beim

Müllsammler, Lob in Form von Verstärkersignalen erteilt wird. Erstere bezeichnet man als selbst organisierende Netze.

Mit der Perceptron-Methode lassen sich nicht nur optische Muster, also Bilder erkennen, sondern auch Sprache gestalten. Beispielsweise kann die Anwendung NETTalk englisch sprachige Texte in Sprache umsetzen.

Anwendungen Neuronaler Netze

Sobald die Sachlage etwas komplexer und vor allem in Details unvorhersehbar wird, sind neuronale Netze am richtigen Platz. Meist werden sie dann als Entscheidungshilfe eingesetzt.

- Meteorologie (Vorhersage, Luftbildauswertung)
- Mustererkennung im Bild
- Datenkompression beim Transfer von Bilddateien
- Verschlüsselte Eigentümer-Signatur in Bildern
- Unterschriftenerkennung, Transaktionsüberwachung
- Post (Postleitzahlen-Sortiergeräte)
- Mustererkennung in der Sprache
- akustische Diagnostik des Rundlaufs von Automotoren
- Kommunikationstechnik (Ausfiltern von Signalen aus Rauschen, Echounterdrückung)
- Sicherheitstechnik (Spracherkennung)
- Objekterkennung für militärische und sicherheitstechnische Anwendungen
- Auswertung von Sonarsignalen
- Sprengstoffdetektoren
- Personenidentifikation
- Produktion
- Qualitätskontrolle und Optimierung
- Medizin
- Auswertung von Langzeit-EKG
- Blutdrucküberwachung
- Luft- und Raumfahrt
- Autopiloten
- Flugüberwachung
- Diagnostik
- intelligente autonome Flugsysteme

Insgesamt 300 Neuronen, davon 80 in der Black Box, sind zu über 20000 Einzelverbindungen gekoppelt. Obwohl das nicht ganz ans menschliche Vorbild heranreicht, können sich die Ergebnisse sehen lassen.

Nach 12 Stunden Ersteinsatz hatte NETTalk 95 Prozent der Worte und Textblöcke korrekt wiedergegeben. Beim ersten zusammenhängenden Text erreichte es gleich 80 Prozent. Nach Angaben seiner Erfinder waren die Fehler ähnlich derer, die für Kinder bei den gleichen Texten typisch wären.

Die Suche nach dem Computer mit menschenähnlichen Zügen plagt den Menschen schon seit einigen Jahrhunderten. Bisher waren die erfolgreichsten Produkte daraus science-fiction-orientierte Bücher und Filme. Im schnellen Denken und Vorausplanen aber haben sich Maschinen von anfänglichen Blechtrotteln zu hoch spezialisierten technischen Helfern entwickelt.

Deep Blue ist eines der anschaulichsten Beispiele dafür. Der IBM-Computer setzte 1997 Weltmeister Gari Kasparow in sechs Runden schachmatt. Ein ungleiches Paar war gegeneinander angetreten: die Bits und Bytes von Deep Blue analysierten 250 Stellungen in einer Sekunde, der menschliche Weltmeister schaffte immerhin drei bis vier in der gleichen Zeit.

www

suchbegriffe
Andreas Birk
RoboGuard
CubeSystem
VUB

Folgt man der Definition, die Computer-Pionier Alan Turing 1950 aufstellte, so wäre Deep Blue bereits ein denkendes Wesen. Denn das definierte Turing so, dass dann ein Beobachter bei der Kommunikation (per Tastatur) nicht mehr feststellen kann, ob hinter den Antworten ein Mensch oder eine Maschine steckt. Kasparow hatte bekannterweise öffentlich angezweifelt, dass sein Gegenspieler ein Rechner war: "Solche Züge macht kein Computer".

Nur schnell rechnen können ist Andreas Birk, Leiter des Artificial Intelligence Labs der Freien Universität Brüssel (VUB), nicht genug. Bei ihm und seinen Studenten muss es gleich ein ganzes Ökosystem wandelnder intelligenter Tonnen sein. "Meist setzt man autonom gleich mit intelligenten, mobilen Robotern", so Birk, "aber etwas umfassender betrachtet, beinhaltet autonom eine Kombination von Rechenpower, Sensoren, Motoren, eine begrenzt zur Verfügung stehende Energiemenge und eine Steuerung der Daten, die eigenständige Aktionen ermöglicht.

Der Trend geht weg von dummen, auf alle Eventualitäten vorprogrammierte Maschinen, deren Programme singulär ablaufen, wie Waschmaschine, Auto, Kochherd oder Überwachungskameras. Zwar selbständig arbeitend, aber Intelligenz und Energieressourcen aus einem Verbund – so sieht zumindest Birk die Zukunft der Roboter. Vernetzung heißt für ihn das Zauberwort, mit Anwendungen wie Strom sparen, Zentrale Leitung von Verkehr oder maschinellem Einkaufen.

Intelligenz ist dabei als Zusammenspiel von Körper, Denken und sozialem Verhalten zu sehen. Birk's Ökosystem besteht aus unterschiedlichen Arten von Robotern mit einfacher Sensorik, einer gemeinsame Station als Energiequelle zum Aufladen, und Feinden (Competitors), die den "guten" Robotern den Strom streitig machen.

"Mouse", der Standard-Roboter, verfügt nur über eine Kamera und Sichtsensoren. Zum Überleben ist Mouse auf die Zusammenarbeit mit dem „Head" angewiesen, der sich zwar nicht selbst bewegen kann, dafür aber eine schwenkbare Kamera (Pan-Tilt-Unit) und einen PC sein eigen nennt. Der „Kopf" kann die Ladequelle nicht selbständig erreichen. Dafür aber verfügt er über Informationen, die „Mouse" braucht, um die Stromquelle zu finden. Teamarbeit ist gefragt.

www

suchbegriffe
Werner Reichardt neuron
olfaktori neuron
ITB Berlin
brainbox flytrap
neural architecture
N Franceschini
motion detect network
neural imag techni
motion sensitive neuron
Innovationskolleg Theoretische Biologie

Die Original-Ladestation ist erkennbar am grellen weißen Licht. Competitors wiederum haben Lampen, die auch von der globalen Energiequelle gespeist werden, allerdings verbrauchen sie diese nur, statt sie an andere abzugeben. Kämpfen ist nicht Teil der vorgegeben Lösungsmöglichkeiten, ergibt sich aus der gestellten Aufgabe. Das Roboterverhalten ist im Modul „Behaviour" beschreiben, der Sensorwerte und Bewegungsarten verbindet. Alle Behaviour-Module eines Roboters laufen gleichzeitig. Es gibt keine zentrale Stelle, die das Verhalten kontrolliert – erst die Summe aller einzelnen Module bewirkt die resultierende Handlungsaktion.

Weil es im richtigen Leben nicht idyllisch zu geht, müssen auch die wandelnden Tonnen mit Fallen rechnen. Das sind Entladestationen, die die noch vorhandenen Energieressourcen eines Roboters knallhart entladen. Der Standardroboter alleine kann Plus- und Minus-Ladestationen nicht von einander unterscheiden. Dazu ist der Kopf gut, der sein Bewegungsvehikel vor der drohenden Entladung warnen kann, dafür aber seinen Anteil an der nächsten Aufladung haben möchte.

Dass Birks kämpfende Intelligenz-Tonnen ideal für den RoboCup sind, liegt auf der Hand. Aber es gibt auch bereits eine gewerblich nutzbare Anwendung. RoboGuard ist ein wandelnder Sicherheitsroboter, der statisch befestigte Überwachungskameras ersetzen soll. Der künstliche Wächter ist für seinen Informationsaustausch an ein Kommunikationsnetz gekoppelt, kann sich aber eigenständig an den Ort der Gefahr bewegen und handeln.

Nur rund eine Million Neuronen besitzt eine Fliegenhirn. Trotz der vergleichsweise kleinen Ausmaße ist es für Neuroinformatiker von großem Interesse. Drosophila, oder bürgerlich Taufliege, hat nämlich einige ganz praktische Eigenschaften. Um die Wahrnehmungs-, Entscheidungs- und Handlungszeit zu minimieren, findet direkt im Auge bereits eine Verarbeitung der Information statt.

Nervenzellen, die auf Bewegung ansprechen, bilden bei jeder Bildfolge, die auf die Netzhaut trifft, ein mehrdimensionales Muster (computertechnisch: Feld). Wie dieses Feld genau aufgebaut ist, hängt von der räumlichen Veränderung in der Bildfolge ab. Zu gut deutsch: es wird sehr unterschiedlich aussehen, ob ein Flugobjekt von links nach rechts oder von oben nach unten das Gesichtsfeld der Fliege kreuzt. Retinal photodetector array ist der Fachausdruck für die intelligente Speicherung der Information im Auge.

Und dass diese direkte Verarbeitung ganz schön zur schnellen Verarbeitung der Eingangssignale beiträgt, weiß jeder, der bei der Fliegenjagd schon mal den kürzeren gezogen hat. Irgendwie ist uns das summende Objekt immer ein wenig voraus.

Warum Fliegen sich im Kino langweilen

80 Prozent der Lebewesen auf der Erde sind Insekten. Als Vorbild für Roboter dienen sie in unterschiedlichen Fällen, da ihr Verhalten nicht wie das des Menschen durch ein zentrales Gehirn bestimmt wird, sondern reflexgesteuert ist. Aber dabei durchaus lernfähig ist.

Optische Rezeptoren nehmen den Großteil des Kopfes ein. Sie simpel als Augen zu bezeichnen, wäre mehr als eine Untertreibung. Man unterscheidet zwei Typen: Einfache und Komplex-Augen. Erstere (die "Ocellen") entsprechen noch am ehesten unserer Vorstellung von Sehorganen. Sie ergänzen die komplexen Facettenaugen bei schwachem Licht.

Komplexaugen bestehen aus bis zu 28.000 hexagonalen Einzelaugen (Ommatidien) bei den Libellen. Die gewöhnliche Stubenfliege beobachtet ihre Umwelt über 3.000 Ommatidien. Jedes der kegelförmigen Einzelaugen erstellt aus acht Sehzellen (Photorezeptoren) über eine eigene Linse sein Bild der Umgebung. Je mehr Ommatidien, umso besser ist die Gesamtauflösung.

Die Ommatidien funktionieren wie ein Lichtkompass und erleichtern so die präzise Orientierung der Insekten. Bewegt sich das Tier so, dass Sonnenstrahlen stets auf die gleichen Ommatidien treffen, so verläuft die Bewegungsbahn gerade aus. Das gilt im Normalfall, also für Sonnen- oder Mondlicht, dessen Strahlen aufgrund der Entfernung zur Strahlungsquelle als parallel anzusehen sind. Die Lampe an der Zimmerdecke führt hingegen dazu, dass sich der kleine Luftfahrer im Kreis bewegt (stets den gleichen Winkel zur Quelle beibehält). Ist der Winkel kleiner als 90 Grad (rechter Winkel), dann endet der spiralförmige Flugweg in der Lichtquelle.

Bei Heuschrecken deckt jedes der ebenfalls mehreren tausend Facettenaugen ein bis drei Grad des Sehfeldes ab. Sechs der acht Sehzellen eines Ommatidiums sind mit jeweils 100 bis 200 Zellen zweiter Ordnung verbunden. Hier erfolgt bereits eine Signalverarbeitung. Zwar werden die Reize auch ans Gehirn weitergeleitet. Parallel dazu aber laufen die Signale auch über Bewegungsneurone direkt zur Muskulatur der Hinterbeine. Der Fluchtsprung wird also bereits durch das Auftreffen der Information auf dem Auge ausgelöst.

Nicht alle Facetten leiten gleichzeitig die Signale weiter. Die Information, die gekoppelt sind, beziehungsweise, in welcher Reihenfolge und Versetzung die Neuronen feuern, ergibt das räumliche und zeitliche Umgebungsbild.

Bienen und Fliegen haben etwa so viele Ommatidien je Quadratmillimeter wie Menschen Rezeptoren auf ihrer Netzhaut. Ein Schmetterling kann zwei Punkte noch auflösen, die 30 Mikrometer entfernt sind, für den Menschen sind sie erst ab 100 Mikrometer getrennt.

Die Facettenaugen der Fliege lassen sie schnelle Bewegungswechsel in Realzeit verfolgen: 265 mal darf das Bild in der Sekunde wechseln. Der Mensch schafft gerade mal 45 Bilder in der gleichen Zeit. Deshalb sieht die Fliege selbst rasante Verfolgungsjagden im Film nur als einen Wechsel von Standbildern.

Neuroinformatiker haben andere Beweggründe für ihre Fliegenforschung als die Jagd auf die kleinen Luftfahrer. Auch bei Robotern hinkt die Neuronenzahl und die kreative Rechnerleistung noch weit hinter der des menschlichen Gehirns hinterher. Soll Robby also menschliche Aufgaben erledigen, erleichtert eine Vorverlagerung von Arbeitsschritten auf die Sensoren spätere Rechenvorgänge.

Das zweite große technische Anwendungsgebiet von Drosophila's Vorzügen liegt in der Bildverarbeitung allgemein. Bilder beinhalten – verglichen mit etwa Text – viel Information, die bei der Speicherung oder Übertragung zu anderen Computern berücksichtigt werden müssen. Je kompakter und trotzdem noch mit allen Einzelheiten die Bildinformation gemacht werden kann, umso höhere Kosteneinsparungen bieten sich für zahlreiche industrielle Anwendungen.

Die mehrdimensionale Abbildung des Geschehens auf dem Fliegenauge kennt nicht nur oben und unten, links und rechts, nahe und entfernt, sondern, da sich die interessanten Objekte (menschliche Hand) auch bewegen, eine zeitliche Speicherung. Das sieht so aus, dass etliche Neuronen gleichzeitig feuern, und andere eben kurz zeitlich versetzt. Alle gleichzeitig angesprochenen Neuronen liegen nun nicht direkt nebeneinander, sondern in einem bestimmten "Muster", das bei jedem eintreffenden Signal anders aussehen wird.

Mit speziellen Sensoren in ihren Facettenaugen für polarisiertes Sonnenlicht orientiert sich eine tunesische Ameisenart. Rolf Pfeiffer, Informatikprofessor an der Universität Zürich, nahm Cataglyphis-Ameisen als Vorbild für Sahobot, einem gemeinsamen Projekt mit dem Zoologischen Institut. Sahobot 2 erobert die Welt auf vier Rädern. Sechs Augen und eine 360-Grad schwenkbare Kamera helfen bei der Orientierung des Vehikels.

Ähnlich faustdick haben es auch Bienen und Heuschrecken – nicht hinter den Ohren – sondern bei ihrer Geruchswahrnehmung. Deren olfaktorische Sensorsysteme nahm das Team um Andreas Herz an der Humboldt Universität in Berlin unter die Lupe. Sie fanden, dass die räumliche und zeitliche Speicherung der Duftinformation nicht gleichmäßig erfolgt, sondern in mehreren Oszillationen. So feuert beispielsweise ein Neuron im ersten, dritten und siebten Zyklus nach Feststellen des Geruches; ein anderes im dritten und fünften, und so weiter. Jedem Dufteindruck entspricht dabei ein bestimmtes räumlich-zeitliches Muster. Gerüche werden so als eine Zusammensetzung von Einzeldüften abgespeichert.

Warum stecken zahlreiche Forscher ihre Energie in die Frage, wie sich Heuschrecken und Bienen durch die Welt schnuppern? Zum einen entspricht diese Art der Duftsensorik einem natürlichen neuronalen Netz, das man nach bionischer Technik auch auf künstliche Netze übertragen kann. Wissenschaftliches Stichwort dazu: Sensorische Informationsverarbeitung. Verständnis schneller Synchronisationsvorgänge und grundlegendes Wissen, wie neuronale Signalketten in der Natur realisiert sind, versprechen sich die Berliner Forscher des Innovationskollegs Theoretische Biologie davon.

John Hopfield von der Princeton University in New Jersey nutzt die Technik der "rhythmischen Abspeicherung" des olfaktorischen Sinnes zur Forschung in der Spracherkennung. Wörter sind dabei, analog zu den obigen Einzeldüften, Einheiten in einer zusammenhängenden Sprache.

"Ich habe mir lange überlegt, wie ich einen Körper zu meinem künstlichen Gehirn gestalten sollte", sagt Hugo de Garis, Leiter der Brain Builder Group bei Sony ATR. Und da kleine Katzen jedes Herz erweichen, fiel sein Wahl auf ein Kätzchen: Robokoneko war zunächst nur als Idee geboren. "Im Sommer 1997 hörte ich dann von einem künstlichen Hund, den Sony entwickeln wollte", so de Garis.

Alle 3000 Exemplare von Aibo, so heißt Sony's Roboterhund, waren am 1. Juni 1999 trotz ihres stolzen Preises von 2 500 Dollar (damals rund 4800 Mark) bereits nach 20 Minuten verkauft. Aibo (auf japanisch "Kumpel") ist ein stahlgrauer Plastik-Roboter in Hundeform von der Größe eines Chihuahua. Man kann AIBO auch als Abkürzung für Artificial Intelligence RoBOt sehen. Seine Intelligenz muss er sich, wie ein Kleinkind, erst erwerben. Ein Berührungssensor am Kopf reagiert auf Streicheln, Bewegungssensoren, Kamera und Entfernungssensoren helfen bei der Orientierung im trauten Heim. Gassi gehen entfällt und statt von Chappi ernährt sich der kleine Strolch von elektrischer Energie.

22 Zentimeter lang, 20 hoch, rund eineinhalb Kilogramm schwer wedelt Aibo mit seinem Schwanz, wenn er sich seines Lebens freut. Er bellt, knurrt oder schläft, wenn ihm danach zumute ist. Mathematisch gesehen verfügt er über 18 Gelenke. Die Aktuatoren (siehe Kapitel 9) bestehen aus Gleichstrommotoren, Sensoren für Optik (CCD Kamera), Beschleunigung und Berührung nehmen die Umwelt wahr. Acht Megabyte Speicher müssen zum Pläne aushecken reichen. NiCd-Batterien spenden die Energie zum Herumtoben. Neun Stunden reichen die Reserven, dann ist vorerst Schluss mit der tierischen Freude.

Intelligenter und bunter ist die zweite Generation der Aibos. Entgegen der ursprünglichen Ankündigung ließ sich die Herstellerfirma im Oktober 1999 zu einer Auflage von weiteren 10 000 künstlichen Wauwaus "erweichen". Aibo erkennt die Stimme seine Eigentümers, er kann bereits kleine Kunststücke und weitere mit viel Geduld des Herrchens erlernen.

Eine Spur "kleiner" sind Furbys. Während Aibo's Innenleben von einem komplexen Computer mit Außensensoren gesteuert wird, sind die pelzigen Wuscheltiere nicht viel mehr als Tamagotchis im Fellkleid. Um die rund 30-Dollar-teuren Furbys hat sich ein Markt-Umfeld wie vor Jahrzehnten um die Barbiepuppen entwickelt. Vom Millenium-Knuddeltier bis zu Halloween-Kostümen – da bleibt kein (Kinder-)Wunsch offen.

Weil das Wuschelspielzeug lustig nachplappert, was es an Sprache aufschnappt, hat es in der amerikanischen National Security Agency (NSA) seit Januar 1999 Hausverbot. Es könnte, obwohl es laut Hersteller kein Aufnahmegerät besitzt, hoch geheime Informationen aufschnappen und an Unbeteiligte weitergeben. Es hat sich ganz schön viel getan, seit der Teddybär und andere harmlose Stofftiere das Licht der Welt erblickten.

www

suchbegriffe
www.aibo.com
www.furby.com
robo dog
CAM brain project

Die Gruppe um de Garis wollte eigentlich bis 2001 ein Gehirn mit einer Milliarde künstlicher Neuronen entwickeln. Sieben Jahre nach der Gründung des BAM Brain Projectes 1993 hat man sich bei Robokoneko zunächst auf maximal 75 Millionen Neuronen und 64 000 Module beschränkt.

Die Modulneuronen sind nicht, wie noch bei anderen künstlichen neuronalen Netzen, nur Computergespinste, sondern bestehen aus echten Chips, also intelligenten Einzelteilen. Diese Zellen-Automaten sind in einem FPGA (Field Programmable Gate Array), vereinfacht ausgedrückt: einem prorgammierbaren Feld, zusammengefasst. Die wiederum bilden die sogenannte CAM Brain Machine, alles Erfindungen von de Garis.

Aus 72 der untereinander vernetzten und konfigurierbaren FPGA-Module besteht das künstliche Steuerzentrum, wobei jedes 16 Neuronen enthält, macht also gesamt 1152 Nervenzellen. Das ist die bisher realistischste Nachbildung eines Gehirns. Auch wenn es nicht so schnell über dessen Gedankenwelt verfügen wird – jeder Mistkäfer verfügt über mehr Neuronen.

Die nötige Intelligenz kommt durch schnelles Umprogrammieren. So lassen sich die Chips im Nu neu miteinander vernetzen, in jeder Sekunde

150 Millionen mal. Mehr als 30 000 unterschiedliche Muster können so entstehen und das 300 mal je Sekunde. Das lässt Raum für blitzschnelles Erkennen und Handeln.

Damit nicht alles verloren ist, was einmal gedacht wurde – müssen die Neuronenverbindungsmuster irgendwo abgelegt werden. In einem Zwischenspeicher geben Neuronen, bevor sie sich neu verknüpfen, ihre Informationen ab. Module, die nach ihnen entstehen, können auf diesen Erinnerungsspeicher zugreifen und hinterlassen dann später ihre Ergebnisse. So entsteht die Basis zum Lernen des Roboterkätzchens.

Genauso wenig wie ein Mensch schon mit dem später erworbenen Universitätswissen auf die Welt kommt, ist es praktisch unmöglich, alles im Voraus zu programmieren, was das künstliche Gehirn einmal erleben oder denken wird. Aber wir haben ja bereits in vergangenen Kapiteln gesehen, wie Programme ihr Wissen selbständig erweitern können.

Man übergibt dem Gehirn als Basiseinstellung etliche Regeln, die es dann mit jeder neuen neuronalen Verbindung durch weitere selbständig er- gänzt. Genetische Programmierung ist das mathematische Stichwort dafür. Wie in der biologischen Evolution entwickelt sich über viele Programmgenerationen aus einer Anfangseinstellung über Mutationen ein optimales Ergebnis.

Einen kleinen Schönheitsfehler weist Robokonekos Denkapparat noch auf. Er sitzt nicht im Kopf, sondern ist vom gesamten Körper räumlich getrennt. Der motorgetriebene Haustiger entdeckt die Welt per Funk-Fernsteuerung. Bionische Prinzipen aus dem Tierreich helfen, das Kunst-gehirn vor einem Sensory overload – so etwas wie ein Nervenzusammen-bruch – zu bewahren. Signale von Kameras und Mikrofonen haben direkt angebrachte Prozessoren, die bereits eine Vorverarbeitung der Datenfülle bewerkstelligen. Per Antenne wird die so verkleinerte Infomations-menge an den externen Computer (Gehirn) gefunkt, der dann die Steuerbefehle an die Motoren zurückschickt. Zwei Farbkameras, ein Gyroskop, ein Sprachgenerator, vier trippelnde Beinchen, Schnurrhaare zur Orientierung und vielleicht sogar ein kuscheliges Fell soll die Endaus-baustufe der Labor-Katze haben.

Robokoneko ist ein niedliches Forschungsobjekt. Dahinter stecken jedoch Ideen für künftige "nützliche" intelligente Roboter, die dem Menschen im täglichen Leben Arbeit erleichtern sollen. Somit ist es vermutlich keine Frage mehr, ob wir in diesem Jahrhundert Roboter als denkende Haushaltshilfen haben werden, sondern eher wie viele und wofür.

Sieh, wie wunderschön normal dieses Lebewesen ist.
Jemand muss nicht der Beste, Größte, Schönste sein, um zu
den Schätzen der Erde zu zählen. Jeder ist Teil unserer
Gemeinschaft mit all seinen Handlungen, Gedanken und
Gefühlen.

Wenn ich alles an meiner eigenen Individualität akzeptiere, kann ich auch die Individualität jedes anderen
Lebewesens akzeptieren.

Was ist der Unterschied, ob jemand Bälle jongliert, Wolken
oder Welten?

Wenn ich die Vielfalt der Möglichkeiten akzeptiere, erwei-
tert sich mein Horizont.

Würde all das geschehen, wenn ich nicht da wäre?

Jeder beeinflusst das Leben, das Universum. Einfach durch
seine Existenz.

Es wird immer bessere und weniger gute Momente geben.

Wegsehen ist keine Antwort. Angst ist keine Antwort.

Sieh, das Feuer des Verlangens in dir brennt noch immer lich-
terloh.

Du kannst wählen, wie deine Zukunft aussehen wird. Sie
könnte ein Neubeginn sein, aber nicht das Ende. Es gibt keine
Sackgasse, nur andere Neuanfänge, eine andere Zukunft.

11

Magazin *Der Spiegel*: "Wenn Sie oder andere Physiker von der Weltformel sprechen, dann fällt fast unweigerlich das Wort Schönheit. Was macht eine Formel schön?"

Steven Weinberg*: "Es lässt sich durchaus mit der Schönheit vom Musik vergleichen: Wenn Sie etwa ein Prélude von Chopin hören, dann spüren Sie, dass jede Note sitzt. Sie könnte durch keine andere ersetzt werden."

Spiegel: "Ist Wahrheit schön?"

Weinberg: "Wenn Sie eine physikalische Theorie als schön empfinden, dann ist es wahrscheinlich, dass sie auch wahr ist."

Steven Weinberg bekam 1967 den Nobelpreis für seine Theorie der schwachen Wechselwirkungen von Teilchen.

Kunst und Spiele

Die Zeiten, in denen der Nachwuchs bereits bei der Geburt stolzer Besitzer einer H0 oder Spur-N-Eisenbahn wurde, sind nicht vorbei. Allerdings nimmt auch die Zahl der Erwachsenen zu, die sich offen zum eigenen Forscher- und Entwicklerdrang bekennt. Das fällt bei ansprechendem Erkundungsmobiliar auch nicht schwer.

Denn die Spielzeugindustrie ist nicht stehengeblieben. Waren für heutige Großeltern Legobausteine noch Plastikbauklötze, die man nach Farbe und Größe zu hausähnlichen Bauten zusammensteckte, so haben sich die Quader ganz beachtlich weiterentwickelt. Sie bekamen Intelligenz.

Mit großen Kulleraugen stapfen Mindstorms-Roboter seit rund drei Jahren durch heimisches Haus und Garten. Kernstück der ulkigen Spielgenossen ist ein gelber Riesenziegel, der den Mikroprozessor enthält und bis zu drei Elektromotoren steuern kann. Programmiert wird der intelligente Spielgenosse am Computer. Erst nach Übertragung des Programmes auf den gelben Ziegel stalkst der Roboter kabellos mit Lichtschranken und Berührungssensoren eigenständig durch die Gegend. Das Programmieren ist der Zielgruppe (ab 12 Jahren) angepasst: Grafisch können Räder oder Beine, Sensoren und Greifarme nach eigenen Vorstellungen logisch zusammengefügt und aktiviert werden.

In den letzten Jahren hat sich eine Kultgemeinde um die Mindstorms gebildet. Auf zahlreichen Websites tauschen Nutzer Programme, Tips und Designvarianten aus. Und natürlich gibt es den obligaten Wettbewerb: die Lego Robot Design Competition ist seit 1991 eine jährlich wiederkehrende Veranstaltung des MIT (Massachusetts Institute of Technology), das mit Computerpionier Seymor Papert auch an der Entwicklung der Mindstorms beteiligt war.

Am MIT möchte man mit dem Wettbewerb nicht nur einen Anreiz zum spannenden Lernen in aktuellen technischen Bereichen geben, sondern auch die Zusammenarbeit der Joungsters in Teams fördern. Spielerisch soll der künftige Ingenieursnachwuchs unterschiedliche wissenschaftliche Disziplinen und Gedankengänge miteinander verbinden.

In der Idee des intelligenten Spielzeugs sahen auch andere Hersteller ihre Chance. Vom Solar Amphibium (Klasse: Anfänger), über den Roboterarm (Intermediate) bis zu Bausätzen für Fortgeschrittene, bei denen schon mal der Lötkolben zum Zusammenbau notwendig ist (Moon walker mit Lichtsensor), reicht die Palette bei einem Hersteller. Trilobot Mobile Robot ("ideal für Anwendungen Künstlicher Intelligenz, selbständiger Navigation und Robotertechnologie"), der Selbstbaukit Lynxmotion ("um 5 Achsen beweglicher Roboterarm") oder das Micromouse-Kit ("Verwechseln Sie das nicht mit gewöhnlichem Spielzeug, die Maus enthält einen programmierbaren Mikrochip") sind weitere Beispiele aus dem schier unbegrenzten Angebot im Internet an zukunftsorientierter Technik fürs Eigenheim.

Interessant ist auch die Anleitung zum Selbstbau des autonomen Roboters FirstBOT (a first mobile robot). Die Konstruktionspläne gibt es kostenfrei im Netz – an einem Wochenende soll für geübte Bastler der Eigenheim-Robby fertig sein.

www

suchbegriffe
MIT Robot design competion
Mindstorms Lego
Mindstorms WebRing
art robot design
electronic kits
FirstBOT

webadressen
www.geneticart.org
www.heureka.fi
www.sciencepark.com

Dass man mit dem vermeintlichen Spielzeug auch Geld machen kann, beweist ein Londoner Kneipenwirt. Die künstliche Barfrau Cynthia ist 2,13 Meter groß, hat rote Kulleraugen und mixt hinterm Tresen 75 verschiedenen Drinks für ihre Verehrer.

Per Kommando vom heimischen Computer aus zu steuernde Roboter gibt es mittlerweile im World wide web wie Sand am Meer. Ob im fernen Australien (Australia's Telerobot), in Singapur (Telemanufacturing Workcell) oder gleich um die Ecke in England (Bradford Robotic Telescope) – alle gehorchen auf die Befehle aus dem Netz. Letzteres ist besonders für Sterngucker interessant: in Bradford bewegt sich auf Internet-Kommandos ein Teleskop, das auf Wunsch die gesamte Nordhemispähre der Erde absucht.

Wer schon immer malen oder zeichnen wollte, aber zwischen sich und Picasso Welten klaffen sieht, könnte es mit Puma probieren. PumaPaint ist ein Malroboter, der nach Vorgaben eine Leinwand mit Hilfe eines Pinsels und vier Farben verziert. Wer dann im Endeffekt der Künstler des Werkes ist (Puma oder Mensch?) artet schon fast in eine philosophische Frage aus. Spaß macht es allemal.

RobotZoo ist eine Wanderausstellung, die an unterschiedlichen Orten der USA (meist im dortigen Science oder Discovery Museum) Kindern zeigt, wie die Natur funktioniert. Allerdings sind Grashüpfer, Giraffe, Fledermaus, Fliege oder Nashorn nicht aus Fleisch und Blut, sondern anschaulich lebensechte Roboter. Dargestellt mit professionellen Konstruktionsprogrammen, wie sie auch in Fertigung und Konstruktion verwendet werden. Wem die USA für den Anschauungsunterrricht zu weit weg sind, der kann es auch im Internet probieren. Denn da steht nicht nur der Reiseplan des RobotZoos, sondern die Webseite lädt auch ein zum Entdecken. "Sieh, wie das Chamelon isst, sich bewegt und sieht." Jeder Klick auf eine Tätigkeit eröffnet auf spannende Weise neue (Wissens-)Welten.

Manche Webseiten sind schlichtweg überflüssig. Die ferngesteuerte Überwachung von Temperatur und Strom der Badewanne eines Netzbenutzers wird vermutlich bei einem normal veranlagten Surfer genauso wenig Interesse hervorrufen, wie dessen detaillierte Anleitung zum Grillen von CD-Roms in der Mikrowelle (…"Vorsicht, Dämpfe können gefährlich sein"…). Eine Anwendung auf der Homepage des spleenigen Amerikaners ist allerdings nett bis harmlos: "Winke-Winke an die Katzen" bewegt eine künstliche Roboterhand. Nach Angaben des Konstrukteurs veranlasst diese allerdings nur eine von den vier Katzen im Haushalt zum Hingucken.

Mensch-Ärgere-Dich-Nicht und alle Arten von Monopoly sind wohl endgültig auf dem Rückzug. Heute kauft man keine Häuser mehr in der "Schlossallee", sondern überlegt sich, alleine oder mit anderen, wie eine künftige Raumstation beschaffen sein muss, damit wir uns auf ihr wohl fühlen würden. Wer? Was? Wo? Wie? Warum? Wann? Und wieviel darf es kosten? sind die Fragen, zu denen die amerikanische Weltraumorganisation NASA Anregungen gibt für kreative Überlegungen zu unserer Zukunft im All. Zum Umsetzten der Ideen in eine Konstruktionszeichnung gibt es dann Online auch das nötige CAD-Programm.

Bei vielen Spielen in virtuellen Welten ist der Realitätsbezug nicht so ohne weiteres gegeben. Da geht es mehr um das Ausleben von Phantasie. In zahlreichen künstlichen Umgebungen im Internet kann ein Spieler problemlos alle Identitäten und Wunschvorstellungen ausprobieren. Der Großteil der Welten und Spiele ist derzeit noch von Gewalt dominiert. Mit der Akzeptanz der Allgemeinheit der virtuellen Räume werden sich aber auch zunehmend hier harmlosere Varianten etablieren. Warum nicht mal online auf eine Südseeinsel entschweben und eine (virtuelle) Abendparty unter Palmen im Sonnenuntergang genießen? Diese Pina Colada verursacht garantiert kein Kopfweh am nächsten Morgen.

Als "Avatar" bezeichnet man eine künstliche Identität in einer virtuellen Umgebung. Beispielsweise das rassige Model im Chat, hinter dem sich im realen Leben der Beamte mit Glatze, Bart und Bierbauch am Computer verbirgt. Die Kombination Kunst, Roboter und Avatars hat Franz

Fischnaller einen Ehrenpreis der Ars Electronica 1999 eingebracht: "Die interaktive Installation integriert virtuelle Welten, Roboter und Fernsehmonitore als Kunstwerk". Darin gibt es eine reale "sehr ästhetische" Welt mit Irrwegen, Spiegeln, Metall Holz, farbigem Sand, und Steinlandschaften, in der ein Roboter namens Koala lebt. Dazu gehören die virtuellen Welten Yin und Yang. Jede kann den oder die andere beeinflussen. Das probierten auch viele Besucher der Ars Electronica aus, genauso wie viele Reisende im Internet die Chance zum Verändern wahrnehmen.

Groß und mächtig lauert die Schildkröte auf Besucher. Drohend leuchten die Augen, deren inhaltliche Bandbreite außerhalb der Kunsthalle Bremens von der Tagesschau bis zur Familienshow reicht: 166 Fernseher bildeten im Winter 1999/2000 den Körper einer Riesenschildkröte. "Turtle", so der Name des Kunstwerkes, erblickte zum erstenmal 1993 das Licht der Welt, geschaffen von Videopapst Nam June Paik.

www

suchbegriffe
NASA orbiatal space settlements
Australia's Telerobot
Telemanufacturing Workcell
Bradford Robotic Telescope
PumaPaint
Wave to the cats
RobotZoo
robots+avatars Fischnaller
Philips turtle

Auch vor der hohen Kunst der Musik machen Maschinen nicht halt. GenJAM (Genetic Jammer) spielt Jazz Solos, interaktiv erzeugt durch genetische Algorithmen. GenBepop kümmert sich um fröhliche Bepop-Kreationen von Musikstücken. Wie lange mag es dauern, bis ein Computer auf Wagner's Walkürenritt kommt? "Nie" werden die Anhänger konventioneller menschlicher Komponisten sagen, "es ist nur eine Frage der Zeit und der Computerspeicher" zukunftsorientierte Informatiker.

Ahnengalerien treiben noch in spannenden Krimis und Gruselfilmen ihr Unwesen. Bilder in Lebensgröße von schönen, perlenbehängten Damen oder eindrucksvoller Imponierpose des meuchlerisch verstorbenen Urahns sind aber nicht mehr zeitgemäß. An ihre Stelle ist die Roboter-Galerie getreten.

Das Internet ist eine wahre Fundgrube für einschlägige Online-Ausstellungen. Meca (Museum of Ephemeral Cultural Artifacts) ist eine Online-Sammlung von Alltagskunst und Spielzeug in Form von Robotern. Die zugehörige Robot Gallery ist nach Jahrgängen geordnet und zeigt Photos vom Papierspielzeug bis zum Blechroboter.

Auch im realen Leben gibt es zahlreiche Veranstaltungen, die sich regelmäßig oder einmalig dem Thema: Mensch und Maschine widmen. So trifft sich "The Robot Group" jeden ersten Donnerstag im Monat. Beim "Griechen" an der Ecke in der Congress Avenue in Austin tauschen

Wissenschaftler, Künstler und auch ganz normale Sterbliche ihre Erfahrungen und Kenntnisse aus über die gemeinsame Vision einer Symbiose aus High-Tech und Kunst. Wenn Ihnen der Weg nach Texas zu weit ist, freuen sich die Robby-Enthusiasten natürlich auch über E-mails.

Per Fernsteuerung saust der Ferrari über den Wohnzimmerteppich. Weil der Junior nicht schnell genug reagiert, kollidiert der rote Flitzer mit dem Bücherschrank. Dieser Reaktionstest beim spielerischen Lernen verschwindet zunehmend, denn intelligentes Spielzeug erkennt bereits heute, dass da ein Widerstand in Form einer Wand oder ähnlichem droht und macht rechtzeitig kehrt. Marvin kann sogar noch mehr und das beim Fliegen: Der autonome Flugroboter ist aus heutiger Sicht noch kein Spielzeug, sondern seriöses Studioobjekt der Real Time Systems & Robotics Group der TU Berlin. Marvin (Multi-purpose Aerial Robot Vehicle with Intelligent Navigation) war mit seinem richtigen Erkennen von Objekten und ihrer genauen Positionsbestimmung der Topstar im Juni 1999 beim International Aerial Robotics Contest. Vorgänger des eigenständig fliegenden Helikopters war das Luftschiff Turborob. Dieser Blimp ging bereits 1995 beim gleichen Wettbewerb ins Rennen.

www

suchbegriffe
MECA ephemeral cultural artifacts
robot gallery
mailing list robot
the robot group
robots on the web
Xavier robot CMU
Ullanta Performance robot

Erinnern Sie sich noch an die amerikanische Wissenschaftlerin Lisa und ihren empfindsamen Roboter Kismet (Kapitel 9)? Wenn Sie als Freizeitbeschäftigung statt Stöckchen werfen für ihren Vierbeiner lieber mal einem Roboter das Grinsen beibringen möchten – das Internet macht's möglich: Xavier wartet auf neue Witze, die seinen Sinn für Humor schulen sollen. Entwickelt wurde der interaktive Roboter vom Learning Robot Lab der CMU (Carnegie Mellon University, Pittsburgh). Die Wissenschaftler stellen das Roh-Datenset im Internet der Allgemeinheit zur Verfügung. Auch ein Toolset zur Bearbeitung (Recherche, etc.) ist im Netz herunter ladbar. Die einfachere Variante ist, Xavier auf Erkundungstour durch die Gänge der CMU zu schicken.

Theaterspielen zählt nicht unbedingt zu den Erfindungen der Menschheit. Balz- und Imponiergehabe, um den künftigen Geschlechtspartner zu beeindrucken, gehört im Tierreich zum Standard-Repertoire. Tänze, im Wasser, zu Lande und in der Luft sollen zeigen, über welch tolle Künste der oder die Werbende verfügt. Auch die Präsentation von prachtvollem Federkleid – sehr eindrucksvoll bei Pfauen – verfehlt selten ihre Wirkung. Gesang, Gezirpe oder Ultraschall-Lockrufe gelten ebenfalls als bewährte Mittel der Partnerwerbung.

148

Obwohl Maskerade und Präsentation des eigenen Könnens in der Welt der Tiere weit verbreitet sind, bleiben Theateraufführungen als künstlerische Darbietung den Menschen vorbehalten. Ach ja? Aus Los Angeles bahnt sich ernsthafte Konkurrenz an. „Ullanta" heißt eine Gruppe von Performance Künstlern. Die Truppe besteht aus Robotern, deren Repertoire von Drama ("Prometheus") bis zu Ballett (zwei Stücke von Gertrude Stein) reicht. Geplant ist auch die Aufführung eines der wenigen erhalten gebliebenen Stücke aus dem kolonialistischen Peru in Quechua-Sprache. Von dessen Titel "Ollantay" leitet sich der Name der Truppe ab.

Auf der Bühne sind die Roboter vollkommen autonom. Jede Aufführung ist anders und entspricht der Interpretation der künstlichen Schauspieler nach den Vorgaben des Regisseurs. Sieben Ultraschallquellen

Kräftemessen ohne Blutvergießen?

Der Schuss aus der Wasserpistole ist tödlich. Zumindest für Würmer, Krabben und kleine Fische bedeutet der Hochduckstrahl aus der Schere der Knallgarnele das Todesurteil. Aber nicht nur zur Ernährung dient die Pistole der schnell feuernden Krebse. Krabbelt ein potentieller Nebenbuhler ins Blickfeld, so wird zunächst abgecheckt, ob die Scheren ungefähr gleich groß sind. Dann darf jeder Schütze ballern. Abwechselnd, denn Fairness ist offensichtlich oberstes Gebot der Kämpfer; und mit gebührendem Abstand, denn der Tod des Gegners ist nicht Sinn der Übung. Nach mehrmaligem Schlagabtausch zieht der Verlierer von dannen.

Der Mensch ist kriegerisch veranlagt. Das kann man wegleugnen oder ignorieren. Ändern wird es an der Tatsache nichts. Je dicker und fetter der Frieden der breiten Masse, umso schneller wird eine(r) oder eine Gruppe versuchen, herauszuragen und die Macht an sich zu reißen. Noch einfacher geht dies, wenn bereits allgemeine Unzufriedenheit herrscht.

Da Kräftemessen in Form von Kriegen Teil unseres Daseins ist, sollten wir es so gestalten, dass die Feststellung des kommenden Machthabers ohne Blutvergießen oder den Tod von Lebewesen vor sich geht. Anstatt gegen reale Menschen zu kämpfen, könnten sich echte oder Möchte-gern-Machthaber und ihr Heer am Computer messen. In 3-D, mit lebensechten Figuren und der virtuellen Wirklichkeitsbrille.

Hirngespinst. Vision. Zu viel rosa Brille.

Warum eigentlich?

stellen sicher, dass die Künstler auf der Bühne mit nichts und niemandem zusammenstoßen, Greifarme können Objekte aufnehmen und sogar über eine ausgeklügelte, schnelle Sichtwahrnehmung verfügen die robusten Spieler. Und wenn sie nicht gerade auf der Bühne stehen, üben die vielseitigen Roboter für den nächsten Soccer Cup. Denn auch da ist schnelles Erkennen und Handeln gefragt. Als "Spirit of Boliva" hat sich das Team der "Futbolistas" bereits bewährt.

Japanische Manager krabbeln normalerweise nicht auf allen Vieren. Zumindest nicht in der Öffentlichkeit. Aber Miyata Jiro kann sich nicht anders fortbewegen. Wenn er durch die Strassen robbt, ist die japanische Künstlerin Momoyo Torimitsu nicht weit. Im Bedarfsfall zieht sie dem bedauernswerten "Soldaten des japanischen Firmenimperiums, der die ausländischen Märkte für das Mutterland erobert" schon mal die Hose runter. Im Gesäß des verblüffend lebendig wirkenden Roboter-Menschen verbirgt sich seine Antriebskraft in Form von Batterien. Und die brauchen nach der kräftezehrenden Fortbewegung schon mal Nachschub.

www

suchbegriffe
Momoyo Torimitsu
Steirischer Herbst
Tate Gallery
Emcee robot
danasaur
helpless robot

Die Reaktionen in den Straßen der Welt auf die als Krankenschwester verkleidete Künstlerin und ihren Japanischen Businessman sind unterschiedlich. Während New Yorker Passanten eher teilnahmslos fragen: "Wofür wirbt denn der?", zählt in Tokyo der Status mehr: "Muss es denn unbedingt ein kriechender Roboter sein?" Im Londoner Bankenviertel guckten viele echte Geschäftsmänner einfach weg, peinlich berührt durch die öffentliche Hilfe der Pflegerin. Der Roboter mit Hornbrille und korrekt über die Glatze gescheiteltem grauem Haar löste aber auch Heiterkeit aus.

Ian Bank Fans werden vermutlich auch Emcee in ihr Herz schliessen. Wer bei Grammatik, Satzbau und Ausdrucksweise des schottischen Exzentrikers weder Kopfweh noch Müdigkeit verspürt, ist prädestiniert, den Reden des Sprachroboters Emcee zu lauschen, der "alle Weltsprachen, hört, atmet spricht und lebt, um zu unterhalten". Eigenwillige Kommasetzung und Kursivschreibweise inklusive.

"Er dreht seinen Kopf in allen rechten Abständen, blinkt, während er *refocuses* zu einer neuen (Zuhörer-) Gruppe, Auge *Kontakt ständig* beibehält, abweicht *nie* einen Millimeter vom *Index* und beendet immer zur Sekunde, auf der genauen Redelänge." Nun ja. Etwas anstrengend ist es schon, die Ansichten des wuscheligen Papageis, manchmal nach eigenen Aussagen auch "Klara" genannt, zu interpretieren. Aber schließlich gibt auch das natürliche Vorbild keine druckreifen Vorträge von sich.

"Könnten Sie mich bitte nach rechts drehen...Nein! Nicht so!... Anders herum!" Rührig, wie da jemand um Aufmerksamkeit heischt. Je mehr Zuwendung und Erfüllung seiner Wünsche allerdings der "Helpless Robot" (hilfsbedürftige Roboter) von Menschen erhält, umso fordernder wird er. "Mein Ziel hinter dem Werk ist aber nicht die Ausbeutung, sondern Unterweisung", sagt Künstler und Biologe Norman T. White. Der freiwillige, menschliche Helfer muss also lernen, der Maschine Grenzen zu setzen, will er sich ihrer Diktatur entziehen.

Der Prototyp des um Hilfe heischenden Kunstwesens besteht aus drei Mikrocomputer-Modulen: Das erste bestimmt über einen Ultraschall-Sensor die Entfernung und den Winkel des rotierenden Teiles zum Betrachter. Im zweiten erfolgt eine Vorverarbeitung der Daten. Es enthält zudem einen Sprachsynthesizer, der die Befehle des dritten Moduls ausführt. Letzterer ist das eigentliche "Gehirn", das den Sinn der vorverarbeiteten Daten herausfindet, sie in Zusammenhang mit Ereignissen setzt und dann passende Sprachantworten formuliert. Die "freistehende, elektronisch kontrollierte kinetische Skulptur" erhielt 1990 den Prix Ars Electronica in der Kategorie Interaktive Kunst.

Als "Telerobotic-Projekt im Rahmen der Kunst inklusive Spieloption" sieht Elektriker und Künstler Martin Reiter sein "Präsentationsset AL". AL besteht aus einem Stuhl, der an einen Roboter gekoppelt ist. Dessen Bewegungen werden auf einen am Stuhl sitzenden Menschen übertragen. Der Mensch kann den Roboter per Sprache fern steuern. Reiter: "AL setzt sich mit den vorhandenen Schnittstellen zwischen Mensch und Maschine auseinander und ermöglicht Menschen, die Umgebung des Apparates durch die Linsen und Mikrofone der Maschine wahrzunehmen."

Das Zauberhändchen, das auf sanften Klick Blumen sprießen lässt, bieten Christa Sommerer und Laurent Mignonneau im ZKM (Zentrum für Kunst und Medientechnologie) in Karlsruhe. «Interactive Plant Growing» nennen die beiden Künstler ihre Simulation zu künstlichem Leben. Für Mignonneau lag dabei die größte Herausforderung in der «Gestaltung der Schnittstelle zwischen vegetativem und apparativem System, Mensch und Maschine».

Mit einem unförmigen Turm aus Monitoren überraschte die Mathematikerin und Physikerin Elizabeth Gardner Betrachter. Von einer Verkaufsausstellung für Fernseher unterscheidet sich der monitorbestückte Roboter allerdings gewaltig. In seinem Inneren sind menschliche Stimmbänder nachgebildet. Mit Pressluft und Ventilen werden die Reaktionen auf Sensordaten von Mikrofonen und Drucksensoren umgesetzt. Das

"Gesicht" des Turms kann sich über Lippen, Zunge und Nase ausdrücken. Drei Hochleistungs-PC und vier eingebaute Controller bilden die Basis für die Lernfähigkeit des Roboters auf die Reaktionen aus der Umgebung. Trotz der viel versprechenden Anfänge ruhen die Forschungen seit mehr als 10 Jahren – die Künstlerin ist 1988 im Alter von 33 Jahren verstorben.

Roboter, die sich möglichst menschen- oder tierähnlich verhalten, die lernen und mit uns kommunizieren, sind die eine Seite. Aber in der Kunst geht es auch andersrum. Menschen, die wie Roboter aussehen, sich ruckartig bewegen, und meist nicht sprechen, sind auf Elektronikmessen begehrter Blickfang. Kalkweiß geschminkte Gesichter und eckige Bewegungen lassen den zufällig Vorbeigehenden zunächst stutzen. Haben die Roboter ihre Laborumgebung verlassen und mischen sich nun unters Volk?

Was bei uns nicht nur undenkbar, sondern sogar aus Pietätsgründen verboten ist, ist in Tokio zu bestaunen: Grabsteine sind nicht einfach quadratische Granitblöcke, sondern drücken schon mal plastisch die Vorlieben des Verstorbenen aus. Von der Dampflok bis zum Golfschläger reicht die Bandbreite. Man sieht den Tod nicht verbittert und verbiestert, sondern als Teil der menschlichen Existenz, wie Geburtstag oder andere Ehrentage. Dementsprechend sind Spiel und Hobby auch bei Beisetzungen kein Tabuthema. Lasershows und Satellitenübertragungen der ehrenvollen Bestattung gehören in Osaka oder Kyoto zum Tagesgeschehen. Im traditionsbewußten Japan ticken die Uhren anders: für europäische Begriffe sehr unkonventionell futuristisch gerichtet.

Einer, der wenig mit Spaß und Spiel, sondern mehr mit den ernsten Augenblicken des Lebens zu tun hat, ist Robot-San. Der mechanisch-buddhistische Mönch ist ein Beerdigungsautomat. Mit sanft lächelndem Gesicht hält der Hightech-Roboter jeden Morgen seine Andacht für die Verstorbenen. Seit rund acht Jahren erledigt der mechanische Mitarbeiter des Zentralfriedhofs in Yokohama unter großer Akzeptanz der betroffenen Bevölkerung seinen Dienst. Mit seinen 16 unterschiedlichen Haltungen wirkt der 600 000 Mark teure Kunst-Mönch täuschend lebensecht. Lippen, Augen und Arme sind auch morgens nicht müde und die Angehörigen können stets gleicher, höflicher Anteilnahme sicher sein. Seinen Platz verlässt Robot-san nur, wenn menschliche Konkurrenz auf der Bildfläche erscheint. Dann entschwebt der sitzende Mönch standesgemäß an die Decke der Friedhofshalle – mit Hilfe eines Fahrstuhls, ähnlich dem für Körperbehinderte in einem Schwimmbad.

Obwohl unser blauer Planet zu mehr als zwei Drittel aus Wasser besteht, ist die wichtige Flüssigkeit oft nicht dort vorhanden, wo sie gebraucht wird.

Darum beschäftigen sich Paläohydrologen mit der wissenschaftlichen Suche nach dem begehrten Nass. Und dann gibt es da noch diejenigen Zeitgenossen, die von einem künftigen Leben der Menschheit auf fernen Planeten träumen. Vor dem ersten Kaffeekränzchen im Mars-Wohnsilo ist aber zu klären, wo auf diesem staubigen Planeten Wasser zu finden ist. Nun ist das so ein bisschen wie die Sache mit der Henne und dem Ei. Um sich in dieser unwirtlichen Gegend aufzuhalten, brauchen Menschen Wasser. Ohne gründliche Suche aber finden wir es nicht. Also werden bereits seit Jahrzehnte mehr oder minder fähige Roboter auf die Suche nach dem kostbaren Nass geschickt. Bisher mit mäßigem Erfolg.

Auch auf der Erde gibt es genügend Wüsten, um die Funktionsfähigkeit der künstlichen Spürhunde auszuprobieren. Bereits vor rund 20 Jahren untersuchte der amerikanische Paläohydrologe ("Wasserforscher") Dr. Eugen Taylor Satellitenbilder der ausgedorrten Ebenen im Südwesten des Bundestaates Nevada. Taylor findet 1981 zwar keine Wasseradern, aber dafür "unregelmäßige Oberflächenstrukturen, die sich mit natürlichen Gesteinsformationen nicht erklären lassen". Noch im gleichen Jahr stirbt der Wissenschaftler an Lungenkrebs.

www

suchbegriffe
Eugene Taylor
Laika foundation
mercury site

Es muss ja nicht alles natürlichen Ursprungs sein, was wir auf unserer Erde wieder entdecken. Schließlich hatten wir auch Vorfahren, die ihre Spuren im ewigen Eis, in den Alpen und warum nicht auch in der Wüste Nevadas hinterlassen haben. Nur: an dieser Stelle waren keine archäologischen Funde oder Vorkommnisse bekannt. Unter anderem deshalb war das Gebiet in den 60er Jahren Testgebiet für alle mögliche Bomben des amerikanischen Staates. Auch heute noch ist die Nevada Test Site (NTS) und in ihr das Gebiet XH-4 so stark verseucht durch Strahlung und ungesunde Substanzen, dass es für Menschen unbegehbar ist.

Nicht zugänglich, aber ein Gebiet mit möglicherweise interessanten Entdeckungen – das rief 1993 eine Gruppe von Wissenschaftlern auf den Plan. Anthropologen und Informatiker schlossen sich zusammen, um die "Mercury Site" unter die Lupe zu nehmen. Das Team schickte eine ferngelenkte Drohne mit Kamera auf den Weg. Die Fotos bestätigten Taylors Untersuchungen.

Nun interessieren sich auch andere für die geheimnisvollen Objekte in der Wüste. Mit Unterstützung der Laika Foundation soll ein Roboter zur Erkundung der Mercury Site gebaut werden. REU-1 besteht aus einem steuerbaren Roboterarm mit Kamera und einem pneumatischen System – so etwas wie ein umgekehrter Staubsauger –, das Druckluft auf

Kommando pustet. Über erfolgreiche Ergebnisse dringt allerdings nichts an die breite Öffentlichkeit.

1994 wird REU-1 ans Internet angeschlossen. Damit kann sich jeder Interessierte zunächst in einem bestimmten Quadranten der Mercury Site als Ausgräber betätigen. Nach einiger Zeit wird der "Quadrant" in ein Labor der University of Southern California (Los Angeles) verlegt. Hier sind im Sand von den Wissenschaftlern Gegenstände versteckt, nach Zitaten aus dem Buch "Die Reise zum Mittelpunkt der Erde" von Jules Verne (1984). Nun können die Internetbesucher nach einer Taschenuhr ("Der Kirchturm schlug gerade halb zwei"), Plastik-Seepferdchen und Krabben ("wir waren total verängstigt vor den Meeresmonstern") und Ähnlichem suchen.

Das "Mercury Project" war die weltweit erste Anwendung, die Nutzern des World wide web ermöglichte, quasi per Fernbedienung eine physikalisch vorhandene Umgebung zu verändern und zu beeinflussen, die von ihrem Zuhause weit entfernt war. Joe Santorramana (Künstler) und Ken Goldberg (Technikprofessor und Multimedia-Künstler) kamen daraufhin auf die Idee, über Fernsteuerung auch ein lebendes Objekt per Fernbedienung zu manipulieren. Als Zielobjekte wählten sie Pflanzen. Der Web-Besucher sollte per Robotersteuerung über das Internet selbst Samen säen und dann regelmäßig für die Bewässerung sorgen können.

Idee dahinter ist, dass gerade in einem Medium, das primär zum unbeteiligten Ansehen, Herumstreunen (auch Surfen genannt) und sang- und klanglos wieder Verschwinden genutzt wird, der Surfer zu verantwortungsbewusstem Handeln angeleitet wird, das Folgen zeigt. Erhält die reale Pflanze nicht regelmäßig Zuwendung, wird ihr Leben ein kurzes sein. Ein eigener Chat-Kanal bietet als "Dorfplatz des Telegardens" die Gelegenheit zum regen Erfahrungsaustausch der Internetgärtner.

Das Zusammenwirken von lebendiger Natur und Robotern findet reges Interesse im Internet. Rund 15000 Treffer täglich verzeichnete die Webseite bereits in den ersten Monaten. Wobei ein Treffer ("Hit") entweder als Aufruf der Eingangs-Webseite für den Telegarden oder als Aufruf für ein bestimmtes Pflanzenbild definiert ist. Ein einzelner Roboter übernimmt alle Gärtneraufgaben, die er von Web-Surfern erhält.

Um Übervölkerung im Pflanzenparadies zu vermeiden, darf nicht jeder gleich den Roboter los schicken. Erst, wer selbst 100 Treffer in einer Woche erreicht, qualifiziert sich als Internet-Gärtner. Für die Erlaubnis zum Pflanzen des zweiten Samens sind 500 Treffer und mindestens zwei

Wochen "Zugehörigkeit" zur Pflanzer-Gemeinschaft Voraussetzung. Beim dritten erhöhen sich die Hits auf ein Minimum von 1000 und Minimumzeit des Dabeiseins auf drei Wochen.

Die Begeisterung der Remote-Garten-Besucher ist enorm. "Er bietet selbst einem eingefleischten Mathematiker die Gelegenheit, spielerisch mit der Technologie in Wechselwirkung zu treten, ohne dabei frustriert zu werden". schreibt ein Fan des Telegardens. Jede angesehene Zeitung oder TV-Station hatte bereits einen Bericht über die ungewöhnliche Idee und ihre Umsetzung: die Liste reicht von CNN bis zur New York Times, dem Wall Street Journal, Popular Science und natürlich dem Online Magazin WiRed. Der reale Garten wanderte von der University of Southern California in Los Angeles 1996 nach Linz, Österreich. Dort findet jährlich zum Sommerausklang die Ars Electronica statt, eine künstlerisch futuristisch angehauchte Elektronik-Messe, in deren Rahmen sich Besucher live vom Wohlergehen der Pflanzen versichern können.

Zur Entscheidung: Stehplatz oder unbequeme Holzbank bei Großveranstaltungen gibt es eine Alternative. Die Schweizer Architekten Robert Häfelfinger und Giuseppe Gerster entwarfen einen eiförmigen Ballon, der lautlos über dem Geschehen schweben kann. Per Hubschrauber wird das Ei an den Zielort verfrachtet und harrt am Seil in rund 300 Metern mit seinen Insassen der Dinge, die da unten geschehen. So zumindest die Vorstellung der beiden Erfinder.

Eigentlich wollte Wilhelm Holderied einen Moosgeist in das Erdinger Moos verpflanzen. Das war aber nicht so ganz im Sinne der Flughafenbetreiber des neu gebauten Flughafens München, denen die "magisch kultische Ausdruckskraft" eines Fabelwesens suspekt war.

So entstand, gemeinsam mit Karl Schlamminger, ein Furchensymbol in der Erde. "Rhythmisch angeordnete Kieswälle kreisen um zwei feste Punkte und verfließen in einem ausufernden Band", so die Erfinder. Das Kunstwerk ist nur aus der Luft in voller Pracht zu besichtigen. Ob schneebedeckt im Winter oder begrünt im Sommer – unmittelbar nach dem Start oder knapp vor der Landung (so er denn auf der richtigen Seite im Flieger sitzt), soll der Flugreisende durch die Furchen den Wechsel der Jahreszeiten bewusst erleben. Das "Biotop für die Zeit" liegt östlich der A92, an der Abzweigung der S-Bahn zum Flughafen. Oder für fliegerisch Interessierte: genau in der Verlängerung zwischen den beiden Start- und Landebahnen 26 links und rechts an der A92.

www

suchbegriffe
Oliver Kessler the robot man
Robotronika
Telegarden
Mercury project
ars electronica

webadressen
telegarden.aec.at
www.robotbooks.com

Kein Unterschied zwischen Kunst und Forschung lässt sich im finnischen Wissenschaftscenter Heureka feststellen. Zukunftstechnik zum Anfassen ist so ästhetisch präsentiert, als befände sich der Besucher in einer Galerie. Mobile Kommunikation ist eine Technik, in der die Finnen zumindest im europäischen Raum führend sind.

Frans Krajcberg's Werkstoff ist Holz. Allerdings sehen die Skulpturen des Bildhauers nicht aus wie eine Kollektion für ein schwedisches Möbelhaus. Seine Bäume waren schon tot, als er sie zur Kunst erkor. Ganze Landstriche, die im Amazonasgebiet niedergebrannt wurden, hinterließen ihre Spuren. Aus den schwarzen Baumwracks mit den hängenden blattlosen Ästen schuf der in Brasilien lebende Künstler beeindruckende Objekte.

Auf der Ausstellung der Pariser Fondation Cartier (August 1998) mit dem Titel Être Nature (Natur sein) befinden sich Krajcsbergs Werke in bester Gesellschaft. Hier geht es um die Beziehung zwischen natürlicher und künstlich geschaffener Schönheit. Abgesehen von einigen Fotografien sind alle Darstellungen wie ihre natürlichen Vorbilder dreidimensional. Unter "Kunst" versteht man hier das Muster eines Schmetterlingsflügels ebenso wie Geschmeide aus edlen Materialien.

Die Grenze zwischen Natur und Kunst verschwimmt vollkommen im Werk von Hubert Duprat. Er bettete Nachtfalter-Larven in ein Nest mit Perlensplittern, Edelsteinen und Goldpailletten. Bei ihrer Verpuppung nutzten die Tiere dann alles, was sie vorfanden. Nach dem Ausschlüpfen der Falter blieben ihre Zwischenbehausungen als Kunstwerke zurück: zarte Gespinste mit edlem Besatz.

Wohl kein Besucher, der beim Anblick von behaarten Steinen, einem in Bronze kopierten natürlichen Stein – beide waren in der Être Nature nebeneinander zu betrachten –, bei der Gegenüberstellung von natürlichen und gläsernen Baumstämmen und künstlichen Feldern aus leuchtend gelbem Blütenstaub nicht zum bionischen Nachdenken angeregt wurde. Und damit hatte die Ausstellung eine Menge erreicht: die Besinnung auf (noch) nicht alltägliche Anschauungen. Umdenken vom Entweder-Oder zum Miteinander bei Natur und Technik.

Anmerkung des Autors:
Dieses Kapitel zeigt recht gut, dass Ziel dieses Buches nur sein kann, Interesse zu wecken und den Leser zu eigenen, weiteren Nachforschungen zum Thema zu inspirieren. Kunst ist, was man dazu erklärt. Eingrenzungen oder Abgrenzungen sind schwer möglich. Mehr als subjektiv ausgesuchte Rosinen kann eine Zusammenstellung daher nicht bieten.

Ich bin eins mit den Flügeln, mit denen ich fliege und ich verschmelze mit dem Himmel. Ich bin Teil von Erde, Himmel, Wolken, Meer, Steinen und Lebewesen.

Die Luft trägt mich sanft wie ein Kissen.
Ich fliege.
Falken fliegen.
Menschen Fliegen.

Zusammengehalten durch den Zwischenraum, werden wir eins.
Wir bilden eine Einheit, auch wenn sich unsere Wege am Himmel nur kreuzen.
Ich bin, wir sind.

Du glaubst, du kennst die Antwort. Dann kennst du sie nicht. Die Antwort liegt in der Suche.

Ich bin ein fliegender Falke.
Oder denke ich nur, dass ich ein Falke bin?
Oder fliege ich unsichtbar mit dem Falken?

Wo liegt der Unterschied in den drei Möglichkeiten, wenn du glaubst, was du glaubst?

Die Sehnsucht zu fliegen wie ein Vogel, ermuntert mich zu unendlich vielen Chancen., mich zu verwirklichen.
Ich verwerfe keine.

Im Tanz des Austauschs lerne ich von dir nicht mehr als du von mir. Ich lerne mit dir. Du lernst mit mir.

Bist du bereit, mit mir von Welt zu Welt zu reisen? Als Reisender in andere Sphären, Träume und Zukunft?

Gedanken säumen meinen Weg. Mein Weg ersteht aus Gefühlen, Meinungen und Erinnerungen. Geboren, werde ich wieder geboren. Ich fliege hoch und schnell, tief und langsam. Unbeeinflusst von der Schwerkraft.

Wir stehen immer in Beziehung zu anderen, sind stets getrennt, aber niemals allein. Die physische Verbindung ist nur eine der Möglichkeiten. Wir fliegen nebeneinander, als ob wir nicht zusammengehören, aber wir beeinflussen uns gegenseitig.

Ich besuche andere Welten und Sphären, aber bleibe ich selbst. So kann sich mein Selbst entfalten. Indem ich ich selbst bleibe, lasse ich anderen Lebewesen die Chance, sich auch zu entfalten.

Indem ich mich als Individuum respektiere, respektiere ich andere als Individuen.

Ich tanze und bewege mich auf dem Grat. Dem Grat der Perspektive.

Ich lasse alle Perspektiven zu, statt eine zu bevorzugen.

Meine Flügel haben sich vergrößert.

Ich kann fliegen und wählen zwischen Offensichtlichem und Verborgenem.

Ich berühre den Boden und die Sterne gleichzeitig, wenn ich fliege.

Ob eine Beziehung besteht, hängt vom Blickwinkel ab.

Vielleicht existiert die Verbindung in beide Richtungen: der Mensch fliegt; der Vogel fliegt.

Oder die Beziehung wird zum Ziel: Fliegen.

Es gibt stets mehr als ein Türe zum Durchschreiten; das Tor zur Unendlichkeit, der direkte Dialog mit der Seele.

Unsere Wege kreuzen sich und es mag sein, dass wir uns nie mehr wieder sehen.

Wie tief war die Beziehung?

Konnte ich dein Innerstes erreichen, konnte ich dein Herz in andere Sphären heben?

Ich tanze auf der Klippe. Erinnere mich an den Beginn und sehe das Ende. Ich möchte auf allen Klippen gleichzeitig stehen.

12

«Manche Menschen sehen existierende Dinge und fragen: Warum? Andere haben Visionen von Dingen, die es nicht gibt, und sagen: Warum nicht?»

George Bernhard Shaw

Die Zukunft –
Bionisches Denken im täglichen Leben

Das Maß des Fortschrittes: die 10 Gebote zählen 279 Wörter, die Unabhängigkeitserklärung der 13 nordamerikanischen Staaten von 1776 besteht aus 300 Wörtern und die EG-Verordnung über den Import von Karamell-Bonbons (1981) benötigt 25 911 Wörter. (Nach Hanswilhelm Haefs)

Ob "mehr" immer besser ist, haben wir schon im Eingangskapitel bezweifelt. Manchmal heißt Fortschritt auch scheinbarer Rückschritt, Beschränkung auf einfache Mittel, die effektiver wirken als ihre progressiven Vorgänger. So kann man in Regionen, in denen Strom nicht aus der Steckdose kommt, stets einen Extrasatz Batterien dabei haben. Man kann aber auch einen Schritt zurückgehen und versuchen, zwar die Funktion des Stromverbrauchers zu erhalten, nicht aber dessen Abhängigkeit von elektrischer Energie.

Schöne neue Welt?

	1995	2025	
Erwachsene Analphabeten	55	82	%
Erwerbstätig	1900	2500	Mio
Arbeitslose	100	200	Mio
Sprachen	9500	8000	
Industrieroboter	14	25	Mio
Einwohner in Lagos, Nigeria	10	25	Mio.
Scheidungsrate pro 1000 Personen	0,04	1	

(nach Newsweek Dezember 27,1999)

Freeplay Energy ist eine Kapstädter Firma, die Radios und Lampen anbietet, die per menschlichem Antrieb funktionieren. 15 Sekunden kurbeln werden eine Stunde lang mit Nachrichten und Musik auf allen Wellenbereichen belohnt; 20 Sekunden die Lampe aufziehen liefert vier Minuten Licht. Mehr als eine Million der flotten Radios mit Handbetrieb haben bereits Käufer gefunden. Erfreulich ist auch das soziale Engagement der Firma: rund 170 der 520 Beschäftigten sind Behinderte.

Strom und Elektronik sind nichts Verdammenswertes – ganz im Gegenteil. Gesamt gesehen, werden sie gesteigerten Anteil am Leben der Weltbevölkerung haben. Genauso wie sich in der Natur Schwimmhäute oder Krallen bestens bewährt haben. Nur würden sich die Natur niemals darauf versteifen, gebrechlich dünne Beinchen für Elefanten und Walrosse einzusetzen, nur weil sie gerade im generellen Trend liegen.

Keinesfalls würde die Evolution zur Lösung der Umknickproblematik unter Beibehaltung der Grundidee "zierliche Stützen" nach festeren Materialien suchen. Sinnvolle Anpassung statt sturer Übernahme von Techniken, die sich in einem Umfeld bewährt haben – das ist eine Richtung für die Zukunft, die bei Entwicklungen des Menschen noch zu sanfte Regungen zeigt.

Das Zusammenlegen von Funktionen ist ein natürliches Prinzip, das sich zunehmend in der Telekommunikationsindustrie wiederfindet. Statt eines eigenen Gerätes zum Faxen, einer Box als Anrufbeantworter und dem Telefonapparat gibt es schon seit einiger Zeit Kombigeräte. Handys mit Internetzugang gehören praktisch schon zum Alltag und die Breitenwirkung des alles in einem Kommunikationsmittels von Nokia, der Communicator, scheitert vermutlich nur an den hohen Verbindungskosten. Will ein mitteleuropäischer Nutzer tatsächlich das Gerät bestimmungsgemäß zum Surfen, Telefonieren und Faxen einsetzen, überwiegt der finanzielle Aufwand noch um ein Vielfaches den Nutzen.

Ähnliches traf auch auf die Iridium-Handy-Technology zu. Im Prinzip eine gute, marktträchtige Idee, aber bei der Entwicklung des Produktes wurden einige Aspekte für den Käufer, wie etwa technische Einsatzmöglichkeiten und Kosten, nicht stark genug berücksichtigt. So führen an sich gute vermarktbare Gedanken kurz nach der Einführung zum Flop.

Das spritsparende Auto für den Nahverkehr – platzsparend und passend für den meist Ein- bis Zwei-Personenhaushalt – danach müssen sich doch alle potentiellen Kunden den Hals verrenken. Leider vernachlässigten die Designer, dass auch das Auge bei Kaufentscheidungen mitspielt.

Und so wird die beste Idee unattraktiv, wenn das Aussehen der würfelartigen Büchsen so hässlich ist, dass sich kaum einer damit identifizieren möchte.

Warum leuchten die Augen von acht- bis achtzigjährigen, wenn sie einen Sportwagen sehen? Weil er, flach wie eine Flunder, windschnittig einfach ein gutes Bild abgibt – auch ohne gerade mit 300 Stundenkilometern in die Kurve zu fahren. Kann ein umweltfreundlicher Mini-PKW nicht ein wenig flotter gestaltet sein?

Vergißt man über das Design den Geldbeutel der Zielgruppe, nützt auch das knuddeligste Design nichts. Der neu aufgelegte Beetle liegt weit hinter dem erwarteten Umsatz zurück. Eine Flugzeugfirma aus dem amerikanischen Wichita erreichte Ende des Zweiten Weltkrieges einen beachtlichen Erfolg mit einem kleinen Zweisitzer. Die Cessna 150 kostete damals genau so viel, wie von der Armee entlassene Piloten als Abfindung bekamen. Behende eroberte das Leichtgewicht, die "150er", den Markt. Hätte man bei der Neuplazierung des Käfers eine maximale Verkaufssumme von 20000 Mark bei der Entwicklung mit einkalkuliert, würden die flotten Käfer auch in diesem Jahrtausend massiv die Strassen bevölkern.

Anderes Beispiel: Vor einigen Jahren brachte Dior ein tolles Produkt zur Umrandung der Augen heraus: Cake-Mascara war eine feste Wimpernfarbe ("Steintusche"), die bei Bedarf durch Anfeuchten mit einem Pinselchen angerührt wurde. Leider verschwand das an sich gute Produkt allzu schnell wieder vom Markt, obwohl durch die "Trockenlegung" zwischen den Anwendungen die Haltbarkeit wesentlich länger war als bei gängigen flüssigen Produkten, der Preis also traumhaft niedrig lag. Die Konsumentinnen lehnten das Produkt ab. Offensichtlich fragte keiner nach: warum, sondern nahm als gegeben hin, dass die Prozedur des frisch Anrührens wohl zu aufwendig wäre.

Das stimmt aber nicht, den die Mixtur ist praktisch genau so schnell fertig und anwendbar wie ein Fläschchen mit vorgefertigtem Inhalt. Das beigelegte Bürstchen allerdings war zu dick und grob, um damit an den Augen herumzustreichen. So ging kaum eine Bemalung ab, ohne mit den Borsten den Augapfel zu berühren und das ist schmerzhaft. Die simple, kostengünstige und schnelle Lösung wäre ein einfacheres Bürstchen: einreihig, schmaler und zierlicher – wie es etwa vor Jahren in Reinigungssets für Langspielplatten enthalten war.

Aber dazu hätte man sich in den Kunden versetzen müssen, sich nicht mit dem naheliegenden zufrieden geben dürfen. Kritisch hinterfragen. Nur so lassen sich Produkte entwickeln, die zukunftstauglich sind. Denn mit der Globalisierung der Märkte, mit zunehmenden weltweiten Kommunikationsmöglichkeiten werden Konsumenten mündig. Niemand ist gezwungen, Produkte, mit denen er oder sie nicht 100prozentig zufrieden ist, hinzunehmen. Selektion nach Lust und Laune ist angesagt. Bionisches Gesamtheitsdenken, statt Fokussierung auf Einzelthemen hilft, Produkte zu entwickeln, die nicht an vernachlässigten Details scheitern.

Die optimale Anpassung an Erfordernisse ist das Ziel von Robodyne Cybernetics. Weil Roboter, die zur Feuerbekämpfung eingesetzt werden sollen, an den Brandort oft nur durch extrem kleine Öffnungen gelangen können, selber durchaus einiges an Masse besitzen, suchte man nach einer Lösung: Wie passt das Kamel durchs Nadelöhr? Wenn man das im ersten Augenblick unmöglich Erscheinende zuläßt, ist die Lösung eigentlich ganz einfach: man baut wandlungsfähige Roboter.

www

suchbegriffe
fractal shape changing robots

Das darf man sich so vorstellen, dass der Brandbekämpfer aus einzelnen, zusammenhängenden Quadern besteht, die sich je nach Größe und Aussehen des Zugangs zum Haus zu einer anderen Form verbinden. Etwa so, wie man bei manchen Spielen aus zusammenhängenden Bauteilen neue Figuren bildet. Nur sind die Feuerlösch-Würfel intelligent und haben einen eigenen Antrieb.

Neben der optimalen Anpassung haben die wandelbaren Helfer noch etwas der Natur abgeschaut: Sie können ihre schadhafte Teile selbst reparieren. Genauer gesagt, übernimmt beim Einsatz dann ein anderer der gleichartigen Würfel die Funktion des schadhaften Teiles.

Abgesehen vom Design der Kleinwagen – an das hoffentlich von den richtigen Leuten noch ein paar Gedanken verwendet werden – gibt es im Autosektor künftig noch allerlei netten Schnick-Schnack, der bei der Fortbewegung unser Leben sicherer machen soll. Head-up Displays – bisher bekannt eher von Kampfflugzeugen – werden ihren Einzug finden. Dann kann Otto Normal-Autofahrer, ohne den Kopf zu senken, auf einem Stück Plexiglas in Augenhöhe alle wichtigen Werte wie Geschwindigkeit, Umdrehungszahl oder Ölstand ablesen. Nachtsichtgeräte – bisher auch eher vom Militär bekannt – sollen mit Infrarot- und Digitaltechnik Hindernisse auch in stockschwarzer Nacht aufzeigen.

Der Joystick als zentrale Steuerfunktion mit integrierten Bremssensoren und Gaspedal-Funktion statt simplem Lenkrad scheint modernen Verkehrsflugzeugen abgeguckt zu sein. Oder eher PC-Flugsimulatoren?

Amerikanische Untersuchungen zeigten jedenfalls wesentlich raschere Bremswirkung als bei konventionellem Fußpedal.

Autoschlüssel verlegt? Oder ist er, noch schlimmer, im Inneren des gesicherten Wagens? Das kann im Auto der Zukunft nicht mehr passieren. Hunde und Katzen brauchen auch keinen Metall-Notnagel, um ihr geliebtes Herrchen zu erkennen. Der fahrbare Untersatz macht die Überprüfung allerdings nicht per Duftmarke, sondern über den Fingerabdruck. Der ist bekanntermaßen einzigartig. Um Sicherheit und Flexibilität trotz wechselnder Chauffeure unter einen Hut zu bringen, wird der Wunsch: "Ach, fahr Du mal Schatz" längerfristige Beziehungen fördern.

Den Fingerabdruck, ein Foto oder ein gesprochenes Kennwort als Zugangscode – davon träumen Datenschutzbeauftragte, wenn sie an die Zukunft denken. Daß beides aber auf irgendwelchen Chips in Form von Daten abgespeichert ist, machen sich die wenigsten klar. Dann verschafft sich ein Gauner eben die Datei mit dem gespeicherten Daten des Fingerabdruckes – völlig unabhängig, wie die Rillen nun im Einzelnen aussehen – und alle Tore sind für den illegalen Eindringling wieder offen.

Seine Vision vom "Großen Bruder", der alles überwacht, hatte George Orwell bereits 1948 in seinem Besteller "1984" aufgeschrieben. Heute, rund zwanzig Jahre später sind wir in dieser Richtung weiter, als Orwell jemals geträumt hätte. Der Satellit "Ikonos" zeichnet messerscharf gestochene Fotos ihres Vorgartens auf – mit einer Auflösung bis auf den Meter genau. Die Fotos sind gegen Entgelt für jeden erwerbbar.

Überwachungschips am Arm oder Fuß von geistig verwirrten Bewohnern eines Altenheims gelten als Segen für Heiminsassen und das Personal. Ein elektronischer "Gehlotse" mit Satellitenantenne, Mikrofon und Kopfhörer soll Blinden die Navigation erleichtern. Kleidung mit tragbarer Elektronik will der holländische Konzern Philips möglich machen. Das T-Shirt mit integriertem Handy, GPS-Positionsbestimmung und Kamera bietet die perfekte Überwachung. Da wirken die Teleschirme aus "1984" wie Relikte aus der Steinzeit.

So hilfreich die Geräte sein mögen, sie zeigen keine bionischen Ideen in der Entwicklung und werden auf lange Sicht grundlegenden Neukonstruktionen weichen müssen. Den Inbegriff der Horror-Überwachungsfunktion aber hat Kevin Warwick im August 1998 realisiert. Er ließ sich für acht Tage einen Mikrochip implantieren. Warwick sieht in diesem Experiment die "erste erfolgreiche direkte und interaktive Verbindung zwischen Mensch und Maschine".

Mit dem Chip unter der Haut gingen wunschgemäß Lichter an, wenn der Professor einen Raum der Kybernetik-Abteilung der Universität Reading betrat. Über Sensoren reagierte auch die Heizung oder der Computer, etwa mit einem persönlichen Willkommensgruß. Und Warwick's Sekretärin konnte jedem Anrufer millimetergenau erzählen, wo sich der Professor gerade aufhielt.

Drei Jahre später fanden Wissenschaftler des MIT bereits einen Namen für ein mögliches Anwendungsgebiet der implantierten Überwacher – die Nanomedizin. Zum Vergleich: der Durchmesser eines Menschenhaares ist etwa 10 000 mal dicker als ein Nanometer. Der Mini-Chip besitzt Sensoren für chemische Werte (etwa des Blutes) und abhängig von diesen Werten gibt er Substanzen ins Blut ab. 1000 Minibehälter können rund 20 Nanoliter beliebiger Substanzen speichern – vom Schmerzmittel bis zu Antibiotika –, und bei Bedarf automatisch freigeben. Da werden selbst die Gesundheits-Ratschläge des Online-Doktors überflüssig.

www

suchbegriffe
organische Leuchtpolymere
OLED
Cambrdeg Display
Technology

Wem bisher das riesige Fernsehgerät im Wohnzimmer zu viel Platz wegnahm – Flachbildschirme aber zu teuer waren – der kann auf eine neue Technik hoffen: Warum den Krimi nicht gleich auf die Wand projizieren? Vorausgesetzt natürlich, dort klebt die richtige Tapete: organische Leuchtdioden (OLED), eingebettet in eine Art Folie, leuchten selbständig. Die Folien spiegeln nicht, können von der Seite betrachtet werden und sind extrem leicht – ideal für Videorecorder, Handys, Uhren und Auto-Armaturen. Hersteller Siemens stattet zunächst EC-Karten mit einem Stück dieser Leuchtfolie aus. So kann man auch ohne Bankomat schnell ablesen, wieviel Bargeld noch auf der Karte gespeichert ist.

Ein wenig weiter sind Forscher vom Max-Planck-Institut für Biochemie in Martinsried. Sie nehmen Bakterien, die in Salzseen und Salinen leben und verarbeiten einen von ihnen erzeugten Stoff zu hauchdünnen Filmfolien. Diese Substanz mit der zungenbrecherischen Bezeichnung Bakteriorhodopsin kommt in der äußeren Zellhülle der Bakterien vor. In der daraus produzierten Filmfolie können mittels Laserlicht dreidimensionale Bilder gespeichert werden.

Bis zu einmillionmal können die biologisch abbaubaren Filme wiederverwendet werden. Zudem sind sie äußert widerstandsfähig: weder Salze, noch Säuren, Laugen oder Hitze greift Rhodopsinfilme an – sie sind eben ein echtes Naturprodukt mit mehr als einem Vorteil und damit stark zukunftsverdächtig.

Fünf Visionen für die Zukunft

Es wird sich etwas ändern in den nächsten Jahren. Genauer gesagt, stecken wir bereits mitten im Veränderungsprozess. Er entwickelt sich schleichend, unbemerkt von der allgemeinen Öffentlichkeit. Ist er aber vollzogen, muss auch die Gesellschaft ihren Umdenkprozess abgeschlossen haben.

● **Fusion der Wissenschaften**

Die klare Aufgabentrennung: für technische Probleme ist ein speziell dafür ausgebildeter Techniker zuständig, körperliche Wehwechen löst der Arzt, oder für das Blühen und Gedeihen der Natur kann nur ein Biologe zuständig sein, ist bereits im Auflösungsprozess begriffen. Kaum ein Arzt oder eine medizinische Fachkraft, die ohne technisches Wissen und Verständnis Überwachungs-Geräte oder Röntgenanlagen bedienen kann; Operationen mit Computereinsatz oder mit Hilfe von Hochleistungskameras und Sprachroboter sind keine Seltenheit mehr.

Wo das Geld liegt, dafür hatten Pharmakonzerne stets eine gute Nase. So investierte Bayer rund 100 Millionen Dollar in eine Synthese aus Informatik und Biologie: "i-biology" soll sich intensiv der Erforschung des menschlichen Erbgutes widmen.

Mit Sprache ("down left back") und zwei Griffen am Computer lenkt der Arzt bei der Tele-Chirurgie eine Minikamera und die realen Mini-Instumente im Körper des Patienten. Dies klappt nicht nur, wenn sich Computer und Patient im gleichen Raum befinden, sondern auch, wenn zwischen beiden der Atlantik liegt. Bei der "Operation Lindbergh" schlummerte der Patient in New York, während der Arzt in Strassburg an seinem Bildschirm die Kommandos gab.

Je mehr man die Natur in ihrer Evolution als Vielzahl komplexer Systeme sieht, umso mehr kommen mathematische Ansätze wie evolutionäre Algorithmen in all ihren Spielformen zum Einsatz. Spezialisten-Unis und Spezialstudien, die nur ein Fachgebiet berücksichtigen, werden auf lange Sicht von der Bildfläche verschwinden.

Komplexe Systeme verlangen komplexe Lösungen. Spezialisten sterben aus.

● **Gesamtnutzen der Entwicklungen in den Vordergrund**

Die Natur hat es schon lang begriffen: Es ist das Gesamtsystem, das optimiert werden muss, nicht nur einzelne Teile. Für das Überleben in der Arktis zieht sich eine

Robbe nicht einfach einen Pelz über. Körperform, Oberfläche, Atemrhythmus und vieles mehr tragen zum erfolgreichen Überleben unter Extrembedingungen bei. Muss ein Pflanzenhalm extrem starken Belastungen standhalten, dann trägt das nicht automatisch zu einer Gewichtszunahme bei. Ganz im Gegenteil: Die Natur fand Prinzipien für extreme Biegesteifigkeit, die das Gewicht sogar noch verringern. Und am tollen Aussehen lässt es die Natur wegen statischer Extrembedingungen sicher nicht mangeln.

Bei Optimierungen aus Menschenhand stehen noch immer Teilaspekte im Vordergrund, die zudem Nebeneffekte haben. So nach dem Motto: jede Medizin, die etwas bewirkt, muss schlecht schmecken und hat zwangsweise negative Auswirkungen. Solange Fluggesellschaften den Sitzabstand zwischen den Reihen trotz Protesten der Passagiere weiter vermindern (natürlich nicht in den umworbenen Business- und First-Klassen), weil die kurzfristige Gewinnmaximierung über die (langfristige) Zufriedenheit der Passagiere gesetzt wird; solange es beim Design von (Lebensmittel-)Verpackungen keinen interessiert, ob der Konsument die auch einfach und sauber wieder entfernen kann; so lange Preisetiketten nach dem Kauf weder leicht noch ohne Spuren zu hinterlassen entfernbar sind (Sie finden sicher noch 1000nde weitere Beispiele...) – so lange herrscht hier reger Nachholbedarf.

Wie hätte die Natur mit Hilfe der Evolution unsere alltäglichen Probleme gelöst? Sicher nicht so, dass weitere entstehen, sondern, dass als Synergie weitere gelöst werden. Siehe etwa den Schmetterlingsflügel, der nicht nur zur Fortbewegung, sondern gleichzeitig zum Auftrieb, zur Stabilität, zum Anlocken des Partners und zu vielem anderem nütze ist.

● Transport von Materie

Jetzt wird es richtig futuristisch. Was im ganz Kleinen bei sub-atomaren Teilchen schon funktioniert, ist in unserem Makrokosmos noch Stoff für Science-Fiction-Bücher und Filme: das "Beamen" (Raumschiff Enterprise) oder das Durchschreiten des "Portals" in "Mission Erde". Die Fortbewegung schneller als mit Lichtgeschwindigkeit.

Zeitreisen sind aus heutiger Sicht Auswüchse purer Phantasie. Aber war das nicht auch die Rakete in Jules Vernes "Von der Erde zum Mond" (1865)? Im Juni 1928 startete Fritz Stamer als erster Mensch auf der Wasserkuppe mit einem Raketen-getriebenen Segelflugzeug. Vierzig Jahre später hebt eine Saturn-V-Rakete mit drei Astronauten ab in Richtung Erdtrabanten. Nach einem weiteren Jahr (1968) betritt Neil Armstrong als erster Mensch den Mond.

Die Physik legt seit Jahrzehnten ihr Hauptaugenmerk auf die Suche nach weiteren Subatomaren-Teilchen und hofft auf die Entdeckung des großen Unbekannten.

Solange hier der selbstgemauerte Elfenbeinturm attraktiver ist, als sich in Teams mit Wissenschaftern komplett anderer Bereiche zusammenzutun, ist aus dieser Richtung kaum Bahnbrechendes zu erwarten.

Momentan haben in der Forschung und im Entdecken von Neuem Informatiker die Nase vorn, die sich mit Biologen, Chemikern, Medizinern und anderen Forschern verbünden und in gemeinsamen Teams die Zukunft ergründen. So wird es Zeitreisen für den Menschen vermutlich erst geben, wenn auch die Masse der Physiker ihr Statusdenken aufgibt und die Lösung außerhalb ihrer (bereits ausgiebig abgegrasten) Spielwiese suchen.

Interessante Theorien gibt es durchaus. So vermutet Lawrence Schulman von der Clarkson Universität in Potsdam (New York), dass es in unserem Universum Bereiche gibt, in denen die Zeit rückwärts läuft. Wie in einem Werbefilm, in dem das zerbrochene Glas wieder von Boden in die Hand des Versicherungsvertreters springt. Nach Schulmans Theorie der "entgegengesetzten Zeitrichtungen" würden wir in diesen Regionen jünger werden, gleichzeitig aber von Menschen und Dingen umgeben sein, die im normalen Universum älter werden. Erinnert das nicht an die witzige Geschichte des Astronauten Ijon Tichy, der im Raumschiff am Dienstag seinen Doppelgänger "vom Donnerstag" trifft ("Sterntagebücher" von Stanislaw Lem)?

Ein bisschen über den eigenen Schatten springen muss man schon bei derartigen Ansichten. Aber wer sich nur in bewährten Gleisen bewegt, wird auch stets nur Resultate erhalten, die er bereits kennt.

● **Erweiterung der Kommunikation**

In der Kommunikation liegt einer der Schlüssel für die Zukunft. Damit ist nicht gemeint, dass diese umso besser funktionieren wird, je neuer das Handymodell ist, das zur Verständigung genutzt wird. Bessere Kommunikation heißt, mit den Augen des anderen zu sehen, sich in seine Gedanken zu versetzen, seine Sprache und Ausdrucksmöglichkeiten zu verstehen und sich darin selbst artikulieren zu können.

Verständnis und Akzeptanz des "Andersartigen" als man sich selbst zugehörig fühlt, umspannt dabei einen großen Bogen. Management-Methoden, die nicht "männlich" oder "weiblich" sind, sondern deren jeweilige Vorteile zu einem optimalen Stil verschmelzen. Wissenschaften, die sich nicht singulär sehen, sondern erst in Kombination mit anderen zur Wirkung kommen, medizinische Methoden, die nicht klassisch oder östlich oder esoterisch angehaucht sind, sondern eine sinnvolle Kombination aus allen Möglichkeiten bieten – darin liegen unsere Chancen.

Einer der Gründe, warum die USA seit dem letzten Jahrhundert auf vielen Gebieten weltweit Vorreiter sind, ist ihre multikulturelle Vergangenheit und die damit zusammenhängende Offenheit und Akzeptanz unterschiedlicher Denkweisen, vereint durch eine gemeinsame Sprache: Englisch.

Die Frage ist nicht: Wie grenzen wir uns ab als tollste Entwicklung auf diesem Planeten?, sondern: Wie können wir im Einklang mit allen anderem Lebenden und den vorhanden Ressourcen das Beste für aller Existenz machen? Mit der zunehmenden Globalisierung wird die Differenzierung flacher. So verliert die Zugehörigkeit: Ober- oder Unterfranke an Bedeutung. Was künftig zählt, ist: ich kann mit meiner Umgebung in ihrer Sprache kommunizieren.

Genauso wie praktisch jeder Amerikaner von seiner Herkunft über die Großeltern oder noch weiter zurück im Stammbaum Vorfahren aus Europa aufweisen kann, wird mit der weltweit zunehmenden Rassenvermischung auch jeder Hellhäutige einen näheren oder entfernt Verwandten einer anderen Hautfarbe haben. Somit sind nicht nur die echten Blondinen und Schwarzhaarigen auf dem Rückzug, sondern auch die "weiße" und die "schwarze" Hautfarbe.

Als was sieht sich der Enkel mit einer Großmutter asiatischer Abstammung, der amerikanischen Mutter und dem mexikanischem Vater? Nicht die Definition über das Anderssein und die Abgrenzung, sondern das Maß der Integration wird sich als erfolgreiche Strategie für die Zukunft beweisen.

An Stelle von Aufgeblasenheit über den eigenen Status und Standesdünkel muss daher die Frage stehen: Was kann ich vom anderen lernen? Auch wenn der andere eine Krabbe oder ein verwunderter Massai ist, der in München fragt, wie kann der blaue Bus (der Stadtwerke) so schnell an so vielen Orten gleichzeitig sein? Anderes Denken, anderes Fühlen, eine andere Sichtweise – was haben sie meinem konventionellen Wissen voraus?

● Humanoide Roboter

Nach den letzten Kapiteln und vielleicht schon interessiertem Stöbern im Internet (nach dem günstigsten Selbstbaukit), ist es keine Überraschung mehr, dass intelligente Roboter ihren Einzug in unsere tägliche Umgebung finden werden. Es wird nicht lange dauern, bis flexible Serviceroboter ihre starr programmierten Industriekollegen in Zahl und Funktion überrundet haben.

Eher früher als später wird unsere Gesellschaft von kleinen und großen künstlichen Helfern durchsetzt sein. Und das in einer Art, dass wir uns fragen werden, wie wir jemals ohne sie zurecht gekommen sind. Damit sind auch alle ethischen Fragen auf dem Tisch, wie: ab wann hat ein Roboter ein Bewusstsein? Ab wann hat er eine eigene Persönlichkeit? Welche Rechte haben Roboter? Wie ist ihr Stellenwert in der Gesellschaft, was zählt mehr – Katze oder Roboter?

- ● **Kräftemessen: Mensch gegen Maschine**

Wenn Natur und Technik ununterscheidbar geworden sind – sobald es Maschinen mit eigenständigem Bewusstsein gibt, wird es zu einem Kräftemessen kommen. Wie das geartet sein wird, hängt unter anderem davon ab, welche ethischen Grundsätze wir Menschen den Maschinen als Basis für ihre geistige Entwicklung geben.

Selbst bei den nobelsten Vorsätzen ist nicht auszuschließen, dass es auch unter Wissenschaftlern schwarze Schafe gibt oder, dass Erfindungen, an denen Techniker aus "rein technischem Interesse" gearbeitet haben (Beispiele: Kernspaltung, Dynamit, Gentechnik) zum Schaden der Menschheit eingesetzt werden.

Vorstufen dieser zugegebenermaßen nicht sehr schönen Zukunftsvision sind heute bereits bei automatischen Flugsystemen zu sehen. Hier standen schon die Entwickler und Programmierer vor der Qual der Wahl, wieviel Eigenständigkeit das Flugführungssystem haben sollte. Wann darf der Pilot eingreifen und Entscheidungen des Computers eigenständig außer Kraft setzen? Ist der Mensch stets besser geeignet als ein Rechner, unbeeinflusst von Emotionen oder anderen äußeren Umständen, in kritischen Situationen Entscheidungen zu treffen? Unfälle und Konflikte, wie etwa die Landung des Airbus in Warschau (System denkt: Flieger hat keinen Bodenkontakt, Pilot weiß es besser, darf aber nicht eingreifen) werden über die Jahre mit der steigenden Komplexität der Systeme zunehmen.

Man mag kaum glauben, dass auf unserem blauen Planeten das Wasser knapp werden könnte. 70 Prozent der Erdoberfläche bedeckt das Element, das wir zum Leben brauchen. Davon sind allerdings nach Klaus Leistinger ("Die sechste Milliarde") nur 0,025 Prozent in Form von Seen, Flüssen oder Grundwasserquellen zugänglich. Bereits heute haben rund eine Milliarde Menschen keinen Zugang zu sauberem Trinkwasser. Der Entwicklungssoziologe erwartet für das Jahr 2025 in 52 Ländern Wasserknappheit. Das entspricht weniger als 1700 Kubikmeter für jeden Einwohner im Jahr. Zum Vergleich: Amerikaner und Europäer verbrauchen pro Tag im Schnitt 700 Liter.

Techniken und Ideen, die Gewinnung und die (gerechte) Verteilung von Wasser zum Ziel haben, werden nach dem Zeitalter des Kommunikationsmittel-Booms, unser Denken beherrschen. Dann werden nicht mehr die Aktien der Internetmogule das Rennen machen, sondern Firmen, die in "nasse" Technologien investieren. Sechs Milliarden Menschen zählte unser Planet bereits im Oktober 99, 2054 sollen es neun Milliarden sein. Der jährliche Zuwachs beträgt weltweit 80 Millionen Erdenbürger. Parallel dazu gibt es natürlich auch Überlegungen, wie man dieser Masse an Menschen das Leben verschönern kann.

Nur rund 300 Gene sind notwendig, um etwas als "Leben" zu klassifizieren. Das stellten amerikanische Molekularbiologen am Institute for Genomic Research in Rockville (Maryland) fest. Die Forscher reduzierten von anfangs 517 Genen eines Bakteriums stückweise solange bis der Einzeller nicht mehr weiter existieren konnte.

www

suchbegriffe
Robotics
Institute
Gene.De
Novel Food
Verordnung

Noch ist man intensiv mit Erforschung des bestehenden beschäftigt. Liegt der gesamte menschliche Genomcode aber erst einmal auf dem Tisch, ist es bis zur Schaffung künstlicher Gene nicht mehr weit. Wer da heute "Igitt, wie abscheulich" sagt, denkt nicht weiter, als seine Nase lang ist. Denn was machbar ist, wird von einigen auch gemacht. Alles andere zählt zum Wunschdenken von Illusionisten.

Und wenn die eigene Tochter später den Eltern vorwirft, nicht rechtzeitig etwas gegen ihren Hang zum Übergewicht oder schlimmer noch – gegen die Veranlagung einer Erbkrankheit unternommen zu haben – sieht die Sache schon anders aus. Welche Genmanipulationen sollen Eltern an ihren Sprösslingen zulassen, welche werden diese später als verwerflich ansehen? Da geht es nicht mehr um die Turnschuhmarke " die man haben muss". Da geht es um Verstand, Witz, Aussehen und die Möglichkeit, in einer harten Umwelt zu bestehen. Lieber ein neues Auto oder das Geld in die Zukunft des Nachwuchses investieren? Keine leichte Entscheidung, die unsere Kinder dann für ihren Nachwuchs treffen müssen. Für ethische Gedanken und Richtlinien zum Thema ist es fünf vor zwölf.

Veränderungen im Erbgut (Genom) sind direkt oder indirekt für viele Krankheiten verantwortlich. Anderseits können gezielte Eingriffe in die Erbinformation Krankheiten verhindern. Umgekehrt könnte man den Schluss ziehen, durch Hinzufügen eines oder mehrerer Gene toter Materie Leben einzuhauchen.

Zwar ist – besonders nach Deutschem Recht – nicht alles erlaubt, was möglich ist: etwa Gene, die das Risiko für Krankheiten wie Krebs erhöhen, vor der Einpflanzung des Eis in die Gebärmutter zu entfernen. Oder andere Gene in die befruchtete Eizelle einzuschleusen, die den Schutz vor Aids erhöhen. Aber es ist auch noch nicht alles praktisch realisierbar, was theoretisch möglich ist: ein Einstein gefällig? Oder soll das Töchterchen lieber aussehen wie Claudia, Cindy oder Heidi? Ein Schuss mehr Sanftmut oder lieber etwas bissiger?

Eigenschaften gezielt zu manipulieren, übersteigt derzeit noch das Wissen der Gentechniker. In England baut man jedoch schon vor: dort soll die weltgrößte genetische Datensammlung entstehen. Sie soll die DNA von 500 000 Menschen enthalten. Dann fehlt nur noch die Bestellung per Katalog: Seite 17, wie die Dame links unten...

Wir werden nicht nur zunehmend mehr Erdbewohner, wir werden auch immer älter. Runzeln und Gebrechlichkeit steigen trotzdem nicht im allgemeinen Ansehen. Also wird der Gerealogie, der Erforschung des Alterns, eine der Wissenschaften der Zukunft sein. Nicht nur die Frage, wer die Rente zahlt, wenn das Durchschnittslebensalter auf 100 Jahre gestiegen ist, drängt. Sondern: Warum altern wir überhaupt?

Dazu gibt es zwei Thesen. Eine besagt, im Laufe des Lebens nutzt sich der Körper zunehmend ab. Die andere vermutet einen Schalter im Erbgut, der das Licht ausknipst. Versuche mit Mäusen belegen eher erstere Theorie. Entfernt man das Gen "p66", so leben die Zellen und damit die Mäuse länger. p66 gibt es auch im Menschen. Aber ob damit gleich die Alarmglocken für alle Pensionsversicherungsanstalten läuten müssen, ist noch nicht erwiesen. Denn vermutlich ist p66 noch für andere Prozesse im Leben zuständig. Dass es auch Wachstumsprozesse auslöst, ist den Wissenschaftlern bereits bekannt. Warum und wie wir altern, wird sicher eine der interessanteren Forschungen der nächsten Jahre sein.

Vielleicht geht dann auch der Trend der Medizin mehr dahin, den Menschen gesund und zufrieden zu erhalten, statt Krankheiten und Symptomen hinterher zu hecheln. Ärzte lernen hunderte von Medikamentennamen auswendig, die man auf bestimmte Symptome zu verschreiben hat. Kaum jemand legt Wert auf die Ursachenforschung; erst recht nicht, wenn der Grund komplex ist und sich aus verschiedenen seelischen und körperlichen Ursachen zusammensetzt. Wie sehr der seelische Zustand auf den Körper einwirkt und umgekehrt, wussten zwar die alten Griechen (die Sache mit dem "gesunden Geist im gesunden Körper"). Heute aber wird die Behauptung derartiger Aussagen als Placebo-Effekt oder Diagnose esoterischer Naturheiler abqualifiziert.

Jemand der sich rundum wohlfühlt, wird kaum einen Schnupfen erwischen. Wenn die Seele baumelt und der Körper trainiert ist, sind die besten Voraussetzungen gegeben, um nicht vom ersten Bazillenlüftchen umgeworfen zu werden. Im China wurden 1000 n. Chr. Ärzte dafür bezahlt, dass ihre Kunden gesund blieben. Ein wenig dieser Philosophie könnte sich auch positiv auf unser Gesundheits-(oder besser Krankheits-)Wesen auswirken.

Zur Vorsorge gehört auch, womit wir uns ernähren und wieviel wir von den unterschiedlichen Dingen in uns hineinstopfen. Fast Food, literweise Kaffee, Alkohol zum Gegensteuern, zuviel an Fett, Zucker und Kohlehydraten, zuviel an "veredelten" Nahrungsmittel, Zigaretten – klar, einfüllen geht immer. Und es macht doch soviel Spaß, die Werbung suggeriert es. Erst mit dem richtigen "Bierchen" (passend zur davor gezeigten Damenbinde) wird das Leben lebenswert. Und es "schmeckt so herrlich ...leicht". Ach ja. Dass die Ansammlung von Fett und Geschmacksstoffen auch leicht IST und nicht nur so schmeckt, behauptet keiner. Hauptsache, das Glücksgefühl steigt durch den „Genuss" für Sekunden.

Wer einmal gesehen hat, wie schwierig es ist, einer Katze eine notwendige Mini-Tablette (etwa eine Impfung) unters Futter zu mischen, weiß, dass Tiere sich nicht so leicht täuschen lassen. Werbung und optische Verführung lässt den wählerischen Vierbeiner kalt. Sie wird auch den letzten Bissen des Futters verzehren, dabei aber jedes Brösel, das zu der weißen, gehassten Impfung gehört, zielsicher extrahieren und fein säuberlich an den Napfrand postieren.

Vielleicht werden Menschen auch einmal wählerischer; entscheiden nach ihren Vorstellungen, was gut und schlecht ist, nicht nach momentanen Launen, sondern nach etwas weiter reichenden Gesichtspunkten, etwa: gut für den optimalen Aufbau unseres Körpers. In sein Auto würde auch kein Kraftfahrer Wasser statt Benzin einfüllen, nur weil die Werbung es suggeriert oder weil die Flasche gerade im Angebot war. Vielleicht legen wir in Zukunft mehr Augenmerk darauf, wie gut uns ein Nahrungs- oder Genussmittel auf lange Sicht bekommt und nützt, ob es kontaminiert ist, genbehandelt oder mit nachvollziehbarer (gesunder) Enstehungsgeschichte.

"Duftöle werden in Mikrokapseln verpackt und diese dann zur Druckerfarbe gemischt. Das bewirkt einerseits eine mattere Farbe. Der interessantere Effekt ist jedoch, dass beim Reiben an der Oberfläche der CD die Parfümöle frei werden." Bis zu einem Jahr soll sich der Duft, wahlweise nach Hölzern, Blumen, Früchten, Marzipan, Kaffee, nach Schweiß oder Dieselöl auf der Sniffle-Disc halten. Über 100 unterschiedliche Nasenverführer hält Hersteller Sony bereit.

Noch mag uns ein derartiges Angebot befremden. Dass unser Geruchsorgan aber nach den Augen und Ohren zunehmend ins Interesse der (Werbe-)Industrie gerät, ist schon länger zu erwarten. So folgte der Tonfilm 1927 nur rund 30 Jahre nach dem ersten stummen Vorgänger (1895). Filme, in denen einem beim rasanten Sturzflug auch so richtig schön schlecht wird, weil der Sitz Erschütterungen und Beschleunigungskräfte mit überträgt, zählen heute noch als Besonderheit. Prinzipiell wäre es natürlich möglich, diese Technik nicht nur in Jahrmarktsattraktionen wie etwa "Flugsimulatoren" anzuwenden, sondern für jeden Kinofilm.

Alle Sinne mit einzuschließen, da sind wir schon bei virtueller Realität. Aber keine Angst, Hollywood schafft es sicher, dass der Held auch nach 20minütiger Verfolgungsjagd nicht unangenehm transpiriert, sondern den gerade gängigen Designerduft verströmt. Genauso wie seine holde Kollegin auch nach wochenlangem Herumirren im Dschungel mit kunstvoll zerzausten Haaren und blank geschrubbten Zähnen von der Leinwand glänzt.

Über dem Urwald schweben manchmal gar seltsame Gefährte. Knapp an den Baumwipfeln im zentralfrikanischen Gabun zieht schon mal ein knallbuntes Luftschiff vorbei. Darin sitzen allerdings nicht Abenteurer oder erholungswütige Manager sondern Mitarbeiter eines knallhart kalkulierenden Konzerns. Givaudan Roure ist einer der weltweit größten Anbieter von Essenzen.

Damit Chanel und Konsorten auch morgen noch neue Duftkompositionen auf den Markt bringen können, sammeln die Forscher in der knallroten Schlauchbootgondel 50 Meter über dem Boden eifrig Blüten und Blätter der Urwaldbepflanzung, um sie später im Labor einer genauen Analyse auf unbekannte Duftstoffe zu unterziehen.

Mit ein wenig bionischem Denken könnte frau natürlich auch sagen: "Warum soll ich mir etwas aufsprühen, das nur einen Sinn bezirct? Warum nicht die gleich Haare mit Vanilleschoten, Ingwerkstaub, Zimtstangen und realen Blüten schmücken? Entsprechend ästhetische Anordnung und Einsatz des natürlichen Verführ-Materials würde auch die Augen verwöhnen. Der weitere Vorteil, dass es nach einiger Zeit nicht als Plastik- oder Glasmüll zu entsorgen ist, sondern wieder dem natürlichen Kreislauf zugeführt wird, ist auch der Evolution entlehnt.

Dass bestimmte Duftstoffe mehr bewirken als eindringliche Parolen oder Gebote, setzen amerikanische und japanische Unternehmen bereits erfolgreich ein. "Honest Car Salesman" ist eine Duftmischung für Verkaufsräume in Autosalons, die dem Käufer ein ehrliches Gegenüber suggeriert. Zitrone und Pfefferminze-Schwaden sollen in japanischen Unternehmen den Arbeitseinsatz der Mitarbeiter erhöhen. Angeblich wirkt es, sonst wäre vermutlich die erste Maßnahme eines gewinnstrebenden Unternehmens, die wenig sinnvolle Ausgabe sofort zu stoppen.

Den richtigen Riecher hat auch ein Bus, der in Braunschweigs Straßen Schadstoffkonzentrationen auf der Spur ist. Angedacht ist, dass zukünftig bei Überschreiten eines Grenzwertes automatisch ein elektronisches Verkehrsleitsystem reagiert und wieder für schadstoffarme Luft sorgt.

Mit den wissenschaftlichen Untersuchungen über die Wirkung von Düften auf Körper und Seele befasst sich die Aromakologie. Denn warum sollte gerade beim Menschen nicht funktionieren was im Tierreich ein beliebtes Kommunikationsmittel ist? Müssen wir uns bei der Kommunikation auf Sprache, Bilder oder gedruckte Worte beschränken?

Zitronenduft regt müden Geist genauso gut an wie Kaffee, mit Lavendelölen konnte bei einem Versuch in einem Londoner Krankenhaus die Ration der Beruhigungsmittel um die Hälfte reduziert werden und unter dem Einfluss von Zimtaroma steigerte sich die Kreativität der Versuchspersonen messbar.

Bis Finanzbeamte Duftöle analog zu Kugelschreibern oder Druckerpatronen als notwendiges Arbeitsmittel für kreative Berufe ansehen, wird vermutlich noch einige Zeit vergehen. Ob Computer aus Naturstoffen schneller in den Köpfen der Allgemeinheit als normal akzeptiert werden? Was hat man darunter überhaupt zu verstehen?

Den ersten "lebenden" Chip präsentierten im September 99 Forscher der amerikanischen Universität Georgia Tech in Atlanta. Ein herkömmlicher Computer ist dabei an Nervenstränge von lebenden Blutegeln gekoppelt. Lebende Neuronen sind an elektronische Minibauteile aus Silizium angeschlossen. Diese ungewöhnliche Kombination konnte bereits einfache Rechenaufgaben (fünf plus drei) lösen.

William Ditto, Leiter für angewandte Chaos-Forschung am Georgia Tech (Atlanta), sieht das nur als Anfang der Bio-Informatik: "In weniger als fünf Jahren werden wir mit biologischen Schaltkreisen auch innovative Lösungen für Probleme finden, die wesentlich komplexer sind".

Zukünftige Rechner aus biologischem Material sind ein begehrtes Forschungsobjekt. In England bezieht ein landwirtschaftlicher Roboter, der Nacktschnecken bekämpft, die Antriebsenergie aus seiner schleimigen Beute. Die Schnecken werden zu Biogas fermentiert und das treibt einen Generator. Ein optischer Sensor spürt die Tiere auf – rund zehn in der Minute packt der Greifarm.

Auf eine vollkommen andere Art von Rechnern setzt man bei Quantencomputern. Richard Feynman, vorausdenkender Physiker am California Institute of Technology, erwähnte bereits 1981 in einem Vortrag, dass man aufgrund von Quanteneigenschaften millionenfach schnellere Hochleistungsrechner bauen könnte, die alles Vorstellbare übertreffen würden.

1997 bauen amerikanische Wissenschaftler einen Quantencomputer auf dem Prinzip der Kernspin-Resonanz (NMR). Innerhalb atomarer Teilchen funktioniert alles nicht mehr so, wie wir es von der klassischen Physik gewohnt sind. Hier gelten eigene Gesetze, die sogenannte Quantenmechanik, die vor rund 70 Jahren von Erwin Schrödinger, Werner Heisenberg, Nils Bohr und Paul Dirac begründet wurde.

www

suchbegriffe
quantum computers
Quanten computer
NMR
R Feynman
physics of computation
entanglement superposition
Quantenparallelismus
Verschränktheit Quant
Colin Williams

Quanten haben Zustände. Sagen wir mal plump, aber anschaulich, das könnten sein: plus und minus, blau und rot. In der Realität sind das rechnerische Größen, die nicht vorstellbar sind. Unter Verschränktheit (Entanglement), einem der beiden Basisbegriffe für das Funktionieren von Quantencomputern, versteht man nun, dass diese Zustände mit anderen wechselwirken können. Zu gut deutsch: sich beeinflussen können. Etwa, dass aus blau und rot violett entsteht und mit einem weiteren Schuss blau blauviolett und so weiter. Bei vielen tausend Teilchen entsteht eine Palette, die sich Leonardo nicht mal in seinen kühnsten Träumen vorstellen hätte können.

Und diese Wechselwirkung ist stärker, als sie nach allen Regeln der klassischen Wahrscheinlichkeitstheorie sein darf. Die Verschränktheit (ein Begriff von Schrödinger) kann man kontrollieren. Denn jedes Quant, qubit genannt, kann nicht nur seine beiden Basiszustände (blau/rot oder up/down oder wie auch immer) haben, sondern durch Wechselwirkung mit anderen fast beliebig viele.

Da liegt der große Unterschied zu konventionellen Rechnersystemen, die auf Bits und Bytes basieren. Denn jedes Bit kann nur 0 oder 1 darstellen und es braucht dafür bei üblichen Transistorzellen etwa 10000 Elektronen.

Acht qubits können 2x2x2x2x2x2x2x2x, also 256 Rechenschritte parallel ausführen. Diesseits und jenseits des großen Teiches herrscht reges Interesse an einer raschen Anwendbarkeit der futuristischen Technologie. Die NASA hat ein Forschungsprogramm, am Massachusetts Institute of Techology (MIT) arbeiten Wissenschaftler im "Stanford-Berkeley-MIT-IBM-NMR-Quantum-Computation-Project". Hier begann man 1996 mit einem 2-qubit Computer aus Chloroform.

Jeder Gegenstand hat eine bestimmte Eigenfrequenz, die unter anderem von seiner Größe, Form und dem Material abhängt. Wird beispielsweise eine Brücke genau mit ihrer Resonanzfrequenz (durch darüber marschierende Truppen) angeregt, kann sie sich soweit aufschaukeln, dass sie auseinanderbricht. Kennt man die Resonanzfrequenz, läßt sich ein Teil(chen) beeinflussen. Im subatomaren Bereich funktioniert dies mittels Kernspin-Resonanz.

Auch in unseren Landen forscht man eifrig nach den Problemlösern der Zukunft. Mit einem Antrag in sechsfacher Ausfertigung an den Senat der Deutschen Forschungsgemeinschaft (DFG) ist man beim Schwerpunktprogramm Quanten-Informationsverarbeitung mit dabei.

Quanten-Computer eignen sich wegen ihres hohen Leistungsvermögens zur Mustererkennung, Bildverarbeitung (etwa auf unbemannten Raumschiffen) und Verschlüsselung von Software. Hier wird ein Umdenken dringend notwendig sein, weil qubits heute unknackbare Computer-schlüssel als Nebenaufgabe lösen können.

www

suchbegriffe
bomb #20
D.A.R.Y.L.
2001 space odyssee
HAL-9000 emotion

In John Carpenters scharfsinnig witziger Scifi-Komödie "Dark Star" (1974) kommt Bombe #20 in schweren Gewissenskonflikt: Das explosive Teil erhielt bei einem Asteroideneinschlag ins Schiff den Auftrag, sich scharf zu machen und zu detonieren. Sie lässt sich nicht davon abbringen, das Kommando rechtsgültig erhalten zu haben. Mit Sokratischer Dialektik versucht Spaceman Doolittle die Bombe zu überzeugen: "Da die Wirklichkeit um uns herum in ihren Grundsätzen unbekannt ist, können wir auch nicht sicher sein, dass Daten, die wir über unsere Sensoren erhalten, exakt und wahr sind."

Nach längerem Dialog und intensivem Nachdenken kommt die Bombe zu dem Schluss: "Da wir niemals sicher unterscheiden können zwischen wahren und falschen Eingangsdaten, klassifiziere ich alle Eingangsdaten als unzuverlässig. Also bin ich selbst das einzige Sichere, das existiert." Wenige Sekunden später folgt sie ihrem Bestimmungszweck und detoniert aus eigenem Ermessen.

Konflikte sind mit Zunahme von Intelligenz, eigenständigem Handeln und der Möglichkeit zu Emotionen von Maschinen vorprogrammiert. Bedeutung wird dabei nicht nur der Festlegung ethischer Grundsätze für Maschinen zukommen, sondern auch der Schnittstelle: Mensch-Maschine. Kommunikation, Verstehen der Gründe für die Handlungen des Anderen ist Voraussetzung für ein erfolgreiches Miteinander.

Aber alleine Beispiele, in denen Menschen Dinge für Menschen entwickeln und die mehr von optimaler Herstellung statt von optimalem Kundennutzen gekennzeichnet sind, würden Bände füllen. Warum beispielsweise ertragen Frauen auf der ganzen Welt seit Jahrzehnten etwas so unangenehmes wie Nylonstrumpfhosen, nur weil sie gut aussehen? Piksen, Kratzen bemerkt Frau nicht mehr, weil es für sie Teil des Produktes ist. Erst vor kurzem kam eine Welt-Revolution auf den Markt: die Strumpfhose mit integrierter Feuchtigkeitscreme. Die Begeisterung derer, die sie ausprobierten, war groß. Dem Massenartkel steht hier allerdings wieder der zu hohe Preis im Weg.

Wenn die Businessfrau im weissen Leinenanzug nicht mal bis zum Flugzeug kommt, ohne, dass das tolle Outfit mit Falten übersät ist, fehlt bionisches Denken. Der viel zitierte Schmetterlingsflügel ist nicht nur ästhetisch, sondern auch praktisch.

Eine Unternehmerin, die ihren Kopf erfolgreich gegen: "Das haben wir schon immer so gemacht... Unternehmerisches und Ökologisches Denken sind zwei unvereinbare Welten" und ähnlichen Schwachsinn durchsetzt, ist Britta Steilmann. Für die schöne Eigenwillige aus der angestammten Unternehmerfamilie reicht die Verantwortung des Herstellers weit über den Verkauf der Kollektion hinaus. Ihre Kundinnen sollen in den Kleidungsstücken nicht nur gut aussehen und sich wohl fühlen. Mit bionisch erweitertem Denken entwickelte Britta Steilmann ihre Öko-Modelinie mit Designcharakter. Das Umwelt-Engagement der Jungunternehmerin reicht vom Rohstoff über die Produktion bis zum Recycling. Und damit sie trotz (noch) ungewöhnlicher Ideen mit beiden Füßen fest auf der Erde bleibt, verbringt die Ökomanagerin ihren Urlaub bevorzugt in einem nordamerikanischen Reservat der Dakota-Indianer.

Britta Steilmann ist eine, die es bereits heute begriffen hat, und ihre Ideen als Gesamtstrategie umsetzt. Weder der komplette Rückschritt in die Steinzeit noch die Planierraupe-um-jeden-Preis-Haltung haben Chancen als Lösung heutiger und künftiger Probleme. Es ist nicht einzusehen, warum die Annäherung von beiden Seiten so lange dauert und immer erst in beide Richtungen extrem ausschlagen muss.

Dinge des täglichen Lebens, bei denen der Gesamtnutzen für den Menschen wieder im Mittelpunkt der Entwicklung steht und nicht kurzfristige Kostenaspekte das Geschehen dominieren, harren darauf, das Licht der Welt zu erblicken. Wenn es selbstverständlich ist, dass Fluggesellschaften auch in der Holzklasse Menschen nicht mehr wie Sardinen in der Blechdose verschicken, wenn Hühner und andere Nutztiere selbstverständlich ihr kurzfristiges Leben artgerecht verbringen, dann sind wir einen kleinen Schritt weiter in eine zukunftsträchtige Richtung.

Wie Roboter denken...

Die Ethik der Roboter

Mit dem Zusammenwachsen von Natur und Technik entsteht der Bedarf nach neuen ethischen Grundsätzen. Der Fusions-Prozess vollzieht sich langsam über geraume Zeit. Für rechtzeitige Überlegungen ist es jedoch schon fünf vor 12.

Ab wann ist ein Nahrungsmittel genmanipuliert? Gehört das Schnitzel aus dem Schwein, gefüttert mit genmanipulierten Maiskügelchen, dazu? Ab wann zählt eine Maschine als humanoid? Die gängige, allerdings nicht unbestrittene, Version: Wenn ein Mensch nicht mehr unterscheiden kann, ob die Aktion oder das Produkt von einem Computer oder einem Menschen stammt.

Wieviel Unnatürliches darf ein Mensch in seinem funktionsfähigen Körper haben, um noch als Mensch zu zählen? Noch überwiegen eindeutig bei allen Transplantationsmöglichkeiten die natürliche "Baustoffe". Aber mit Zunahme des technisch Machbaren ist die Richtung vorgegeben: Künstliches Hüftgelenk, Herz mit Batterieantrieb und gezüchtete Lunge – wo ist die Grenze? Wenn der Organismus ohne die implantierten Hilfsmittel nicht mehr lebensfähig wäre? Wohl kaum. Oder wenn prozentuell der Metall- und Plastikanteil überwiegt?

Hier fehlt wieder einiges an Denk-Vorleistung, vor allem in Richtung Informationsvermittlung zum Verständnis in der breiten Öffentlichkeit. Als in den achtziger Jahren in Österreich das erste (und bisher einzige) Kernkraftwerk geplant und gebaut wurde (AKW Zwentendorf), geschah dies ohne Anteilnahme der Bevölkerung. Kaum einer wußte, was technisch dahintersteckte und so gab es weder Widerstand noch Befürwortung. Erst als das AKW dann prächtig in der Landschaft glänzte, begann sich auch der normale Staatsbürger mit der Technik und Problematik auseinanderzusetzen.

Der Widerstand gegen die noch immer vielen unheimliche Technik wuchs so stark, dass Zwentendorf nie in Betrieb gehen konnte. Österreich leistete sich jahrelang

lang das weltweit einzige lebensgroße und voll funktionsfähige Kernkraftmuseum. Besucher wurden in Scharen durch die riesigen Hallen durchgeschleust. Die waren stabil genug gebaut, um Flugzeugabstürze auszuhalten. Nach vielem Gerangel blieb den Regierungen über die Jahre nur mehr der stückweise Ausverkauf der nagelneuen Einzelteile, meist in die Bundesrepublik. Der Großteil der konventionellen Bauteile landete auf dem Schrottplatz.

Technische Veränderungen beeinflussen unser Leben. Sie müssen rechtzeitig kommuniziert werden und aus den Köpfen der Wissenschaftler den Weg zur allgemeinen Bevölkerung finden. Humanoide Roboter sind, egal, wo genau man die Grenze nun zieht, nur mehr maximal Jahrzehnte von unserem Alltag entfernt. Wenn die einzelnen wissenschaftlichen Entwicklungen aus unterschiedlichen technischen, biologischen und medizinischen Richtungen verschmolzen sind, ist es zu spät für Aufklärungsarbeit. Hier und da mal ein kurioses Artikelchen unter der Rubrik "News", was es denn schon in Japan oder an anderer weit entfernter Stelle gibt, ist zu wenig.

Die Frage nach Verhaltensvorgaben für intelligente Maschinen wurde 1942 zum ersten Mal in einer Geschichte des Biochemikers und Bestsellerautors Isaac Asimov gestellt und gelöst. In "Runaround" geht es um ethische Konflikte eines Roboters: Speedys Besitzer erteilt ihm den Auftrag, lebenswichtiges Selenium von einer Fundstätte zu besorgen. Da das Klima und die Bodendämpfe auf dem fernen Planeten aber selbst für Roboter zu gefährlich sind, kommt Speedy in Konflikt.

Denn das erste Robotergesetz besagt: Roboter müssen Menschen vor Gefahr bewahren. Das zweite: Ein Roboter muss stets die Befehle der Menschen befolgen, außer sie würden Gesetz 1 verletzen. Und im dritten ist geordert, dass ein Roboter sich selbst beschützen muss, außer dies würde zu Konflikten mit dem ersten oder zweiten Gesetz führen.

Da die Ingenieure bei der Herstellung des teuren Hochleistungsroboters Speedy Regel 3 und 2 gleichwertig gesetzt hatten, stürmte der Roboter so lange zum gefährlichen Bohrloch (menschlicher Befehl), bis Gesetz 3 griff und er wieder zurück wich. In der Geschichte wird der Jo-Jo-Effekt beendet, als ein Mensch sich in Gefahr begibt, die erste Regel greift, und der verwirrte Speedy zur Lebensrettung übergeht.

Eine Geschichte, zugegeben. Aber die drei Gesetze zu den Verhaltensregeln von Robotern haben über Jahrzehnte Eingang in die seriöse Wissenschaft gefunden und wurden vielfach Grundlage für die Entwicklung realer Roboter. Asimov: "Als ich 1942 das Wort Robotics für die wissenschaftliche Forschung über Roboter erfand, hatte ich keine Ahnung, dass ich jemals Roboter in der realen Welt erleben würde".

Alle Türen stehen offen. Es gibt stets noch einen Weg, eine andere Möglichkeit als Lösung. Es gibt Millionen von Türen gleichzeitig. Welche siehst du für dich?

Ich sehe das Tor zur Zukunft stets offen.
Wo liegt das Ende? Am Anfang.
Wo ist der Anfang? Am Ende.

Ist mein Traum ausgeträumt oder hat er erst begonnen?

Wenn du träumen möchtest, schließe die Augen. Lasse dich gehen und werde eins mit deinen Wünschen.

Was hinter dieser Tür liegt, hast du noch nicht gesehen, weil du diese Erfahrungen noch nicht gelebt hast. Du hast gelernt, die Zukunft mit anderen Augen zu sehen, deinen Gesichtskreis zu erweitern. Nun liegt sie klar und deutlich vor deinen Augen.

Du kannst eine Zukunft auf dieser Seite der Tür wählen, dahinter oder hinter jeder anderen Türe. Es könnte ein neuer Anfang sein.

Wer bist du?

Hilfsmittel Internet

Manche Chefs haben es schwer. Da steht neuerdings eine "Webadresse" auf ihrer Visitenkarte und vielleicht auch eine persönliche elektronische Mailadresse. Nach Internet-Post sehen oder gar sie beantworten, gehört aber nicht zu ihrem Business. Schließlich hat die Geschäftsbriefe doch früher auch die Sekretärin beantwortet...

Wenn Sie sich zwar nicht zu dieser Sorte Mensch zählen, aber auch nicht so ganz zu den Computerfreaks, die ihr gesamtes Leben von der Partnerwahl bis zum Bankgeschäft per Internet abwickeln, dann haben Sie sich vielleicht schon ab und zu im großen World Wide Web umgesehen. Vielleicht auch vieles gefunden, aber nicht immer das, wonach Sie eigentlich gesucht hatten.

Dieses Kapitel enthält Tipps und Tricks, wie Sie mehr aus dem Hilfsmittel Internet machen können. Die kann man klarerweise nicht nur auf das Thema dieses Buches – Bionische Methoden – anwenden.

Im Internet – Teil des weltumspannenden WWW (World Wide Web) – gibt es prinzipiell alles an Information, was man sich nur denken kann. Das Problem ist nur, wie finde ich die gesuchte Information?

Das Netz verbindet Millionen von Computern an unterschiedlichen Orten. Auf vielen von ihnen ist Information, für jeden elektronischen Besucher sichtbar, vorhanden. Da man aber nicht weiß, in welchem Winkel der Welt die Antwort auf die gesuchte Frage steht, braucht man einen automatischen Suchmechanismus. Der soll nun etwa herausfinden, worin die neuesten Erkenntnisse der Japaner auf dem Gebiet der Robotik liegen. Egal auf welchem Computer(typ), in welchem Land, die Information gespeichert ist.

Nun gibt es eine Menge **Suchmaschinen**, die sich mit Ihrer Frage auf den Weg ins Netz machen können. AltaVista, Excite, Lycos, Yahoo! sind einige der bekannteren, die über die Jahre ihren Platz behaupten konnten. Die meisten unterscheiden zwischen normaler (einfacher, simple search) und eingeschränkter (erweiterter, customized, advanced) Suche.

Bei der einfachen Suche gibt man beispielsweise als Begriff "Robot" ein und erhält dann etliche 10000e gefundene Treffer. Das ist vermutlich nicht ganz das, was Sie sich für diesen Nachmittag vorgenommen hatten. Also

werden wir die Suche etwas einschränken – in dem wir mehr Begriffe auf-
führen, die der Treffer gleichzeitig enthalten soll.

Wir können nun etwa "robot japan" als Suchbegriff eingeben. Schreibt
man die Wörter, getrennt durch eine Leerstelle, nebeneinander, so forschen die gängigen Suchmaschinen nach Informationen (Dateien), in
denen alle Begriffe gemeinsam enthalten sind.

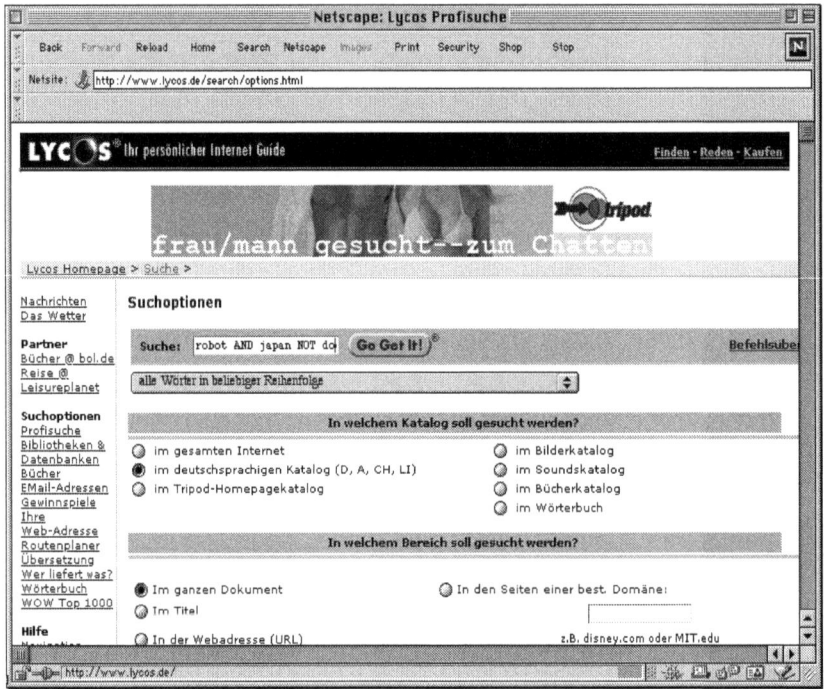

Bei der erweiterten Suche können wir auch andere Einschränkungen
angeben: etwa, dass nur bestimmte Dateiarten gesucht werden (nur
Bilder, nur Emailadressen...) oder auch, daß die Begriffe mit logischen
Operatoren wie AND, OR, NOT verbunden sind. Da könnten wir beispielsweise vorgeben:

robot AND japan NOT (cat OR Katze)

Logische Operatoren werden dabei stets durchgehend mit Großbuch-
staben geschrieben. Manchmal kann man sie auch auswählen: Alle Worte
sollen gesucht werden oder so ähnlich.

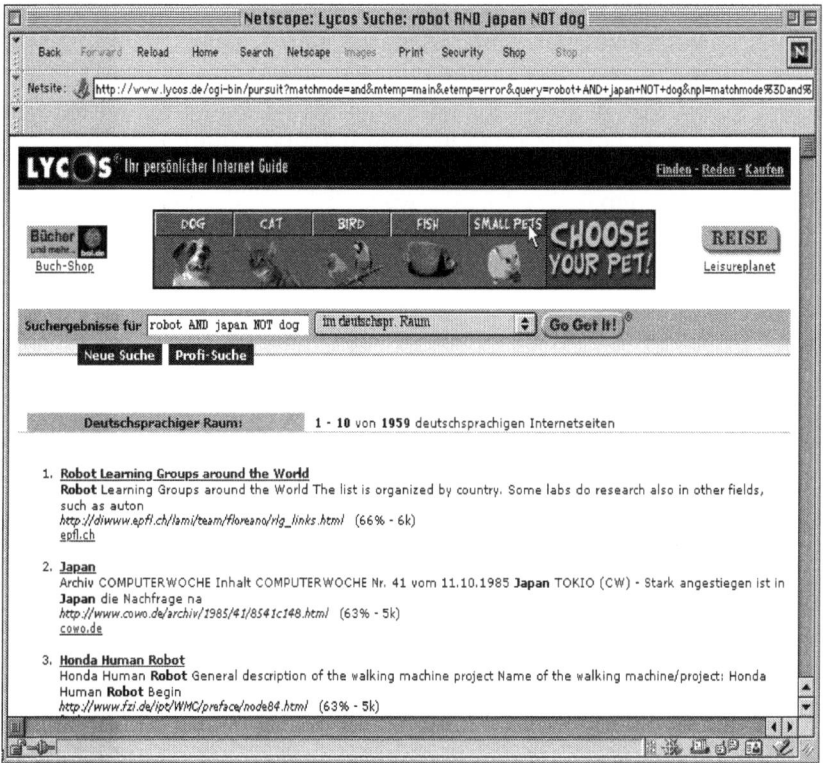

Einschränken können wir auch über die Sprache. Vermutlich enthalten die obigen Begriffe bei weltweiter Suche auch viele Dateien in japanischer Sprache. Sie auszuschließen, würde auch eine erfreuliche Reduktion der gefundenen Treffer bedeuten. Manche Suchmaschinen unterstützen eine Auswahl der Sprache.

"Robot" schließt Begriffe wie Robotics oder Roboter mit ein. Schreiben wir hingegen als Suchbegriff "Bionik", schließen wir damit Treffer in anderen Sprachen als deutsch aus, also etwa das englische Bionics. Das mag gewünscht sein, falls aber nicht, sollten wir es mal mit einem Stern probieren: bioni* läßt alle möglichen Endungen zu.

Wenn Sie ein bisschen Übung mit unterschiedlichen Suchmaschinen im Netz haben, werden Sie feststellen, daß sie zu gleichen Begriffen unterschiedliche Treffer bei den diversen Suchmaschinen erhalten.

Nun wäre es schön, wenn man den oder die Begriffe nur einmal angeben müßte, die dann automatisch mit mehreren Suchmaschinen gleichzeitig gesucht würden, der Mensch vor dem Computer aber alle Treffer, auch wenn mehrfach vorhanden, nur einmal sieht.

Das genau machen sogenannte **Meta-Suchmaschinen**. Die derzeit beste – nicht nur für den deutschsprachigen Raum – ist MetaGer. Sie logiert im Rechenzentrum der Uni Hannover und ist unter folgender Web-Adresse zu finden:

http://www.metager.de

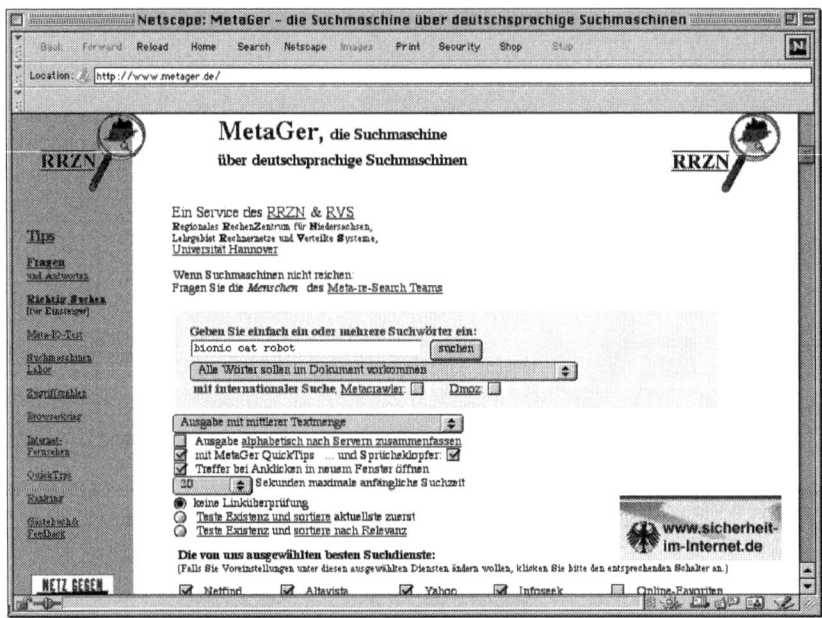

Man kann sie zu Beginn so nehmen, wie sie ist, und später dann an persönliche Vorlieben anpassen. Bei MetaGer läßt sich nicht nur eine große Zahl der bekannteren Suchmaschinen auswählen und beliebig kombinieren – auch die Suchzeit ist einstellbar. Vorab bringt der Suchroboter gleich themenbezogene Webadressen, falls existent. Also etwa:

http://www.bionik.de

wenn Sie nach bioni* suchen.

Einfach, effizient, anpassbar und schnell.

Gezielte Einschränkungen von Treffern kann man auch durch die Wahl der Suchmaschine erzielen. So gibt es beispielsweise eine, die nur nach Ausstellungsorten von Kunstveranstaltungen fahndet. Generell ist es allerdings effizienter, sich mit einer mächtigen Suchmaschine intensiver zu befassen, etwa der MetaGer, und die Selektionskriterien in Reihe nebeneinander zu stellen, etwa:

bioni* exhibition mannheim

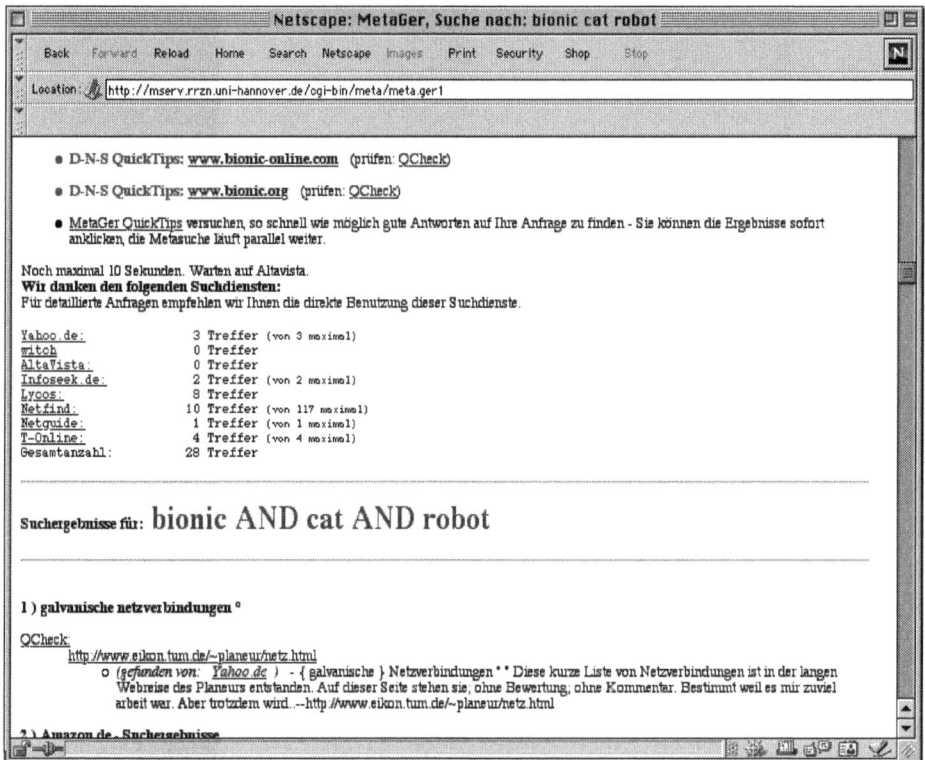

Erfahrenen Surfern fällt sicher auf, daß in diesem Buch oft **Websuchkriterien** angegeben sind, obwohl man doch viel einfacher gleich die "richtige" **Webadresse** angeben hätte können. Klar doch. Hätte man. Kein Problem. Nur verhält sich das Zeitempfinden eines Buches im Vergleich zum Internet etwa so wie das einer Schildkröte zu dem einer Eintagsfliege: Webadressen verändern sich rascher als ihre

Organisationen. Und deshalb ist es etwas langlebiger als Suchtip University of XX anzugeben, als www.XX.edu einzutippen.

Was ist nun der Unterschied zwischen einer Internet-Adresse und einer Emailadresse?

Nun, eine **Emailadresse** gibt an – wie eine herkömmliche Postadresse auch –, auf welchem Rechner die gesuchte Information zu finden ist. Der Name kann dabei eine firmeninterne Bezeichnung, ein Phantasiename oder auch der richtige Name sein. Damit das Mailzustellprogramm weiß, wann der Name aufhört und die Ortsangabe anfängt, gibt es ein Trennzeichen @ (Klammeraffe, "kaufmännisches Und", im englischen "at").

Generell besteht die Adresse aus dem Namen des Empfängers und einer Angabe, wo das elektronische "Postfach" liegt. Die Ortsangabe kann ganz unterschiedlich aussehen. Wichtig ist nur, daß sie genau einen Computer im Netz entspricht, und zwar den, auf dem ihr elektronischer Briefkasten liegt. Das kann etwa die Adresse eines Dienstes wie AOL oder t-online sein. Oder auch die mathematische Adresse des Computers im Netz: das sind 4 Zahlen, durch Punkte getrennt, etwa:

175.65.17.48

Beispiel für eine Emailadresse:

Michael.Meier@t-online.de

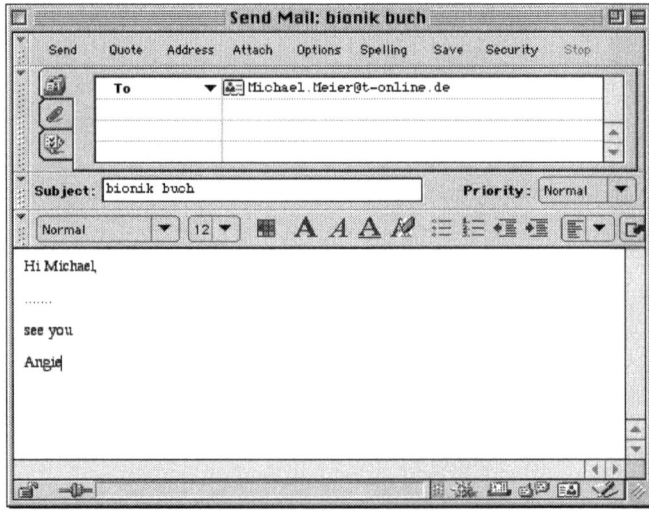

Eine Emailadresse enthält stets ein @, weil dies den Namen vom "Ort" trennt.

Im Gegensatz zur persönlichen Emailadresse, die einem Menschen und nicht einem Computer zugeordnet ist, stehen die **Webadressen** (Internetseiten, Webpages, Homepages). Auch sie sind im World wide web eindeutig zuordnenbar, entsprechen aber einem Teil eines Computers, genauer gesagt, einem bestimmten Dateisystem auf einem Computer. Und da sich im Netz die unterschiedlichsten Computer tummeln, steht davor noch das Protokoll (bestimmte Zugriffs- und Übertragungsart), mit dem man diese Webseite lesen kann. Im Normalfall steht da http:// (hyper text transfer protocol ist heute standard), eine andere Möglichkeit wäre etwa ftp:// (file transfer protocol).

Beispiel für eine Webadresse:

http://www.freefall.com

http:// ist dabei ein Defaultwert. Das heißt, man kann ihn bei der Eingabe ins Webzugangsprogramm (netscape, Explorer...) auch weglassen, er wird dann automatisch eingesetzt.

Neben den persönlichen Emailadressen und den Webseiten gibt es noch einen Bereich des WWW, der für Gelegenheitssurfer interessant ist: die **Newsgroups** ("schwarze Bretter", Public Email, usenet, newsnet, netscape news, Newsgruppen). News sind für jeden lesbare Mails. Sie werden, nach Themengebieten geordnet, einer oder mehrerer Newsgruppen zugeordnet.

Das Thema des menschlichen Ursprunges ist beispielsweise etwas, worüber sich Gemüter im Internet erhitzen und wozu mancher seine Meinung kundtut.

talk.origins heißt die zugehörige Newsgruppe, in der der öffentliche Meinungsaustausch zur Evolution zu lesen ist.

FAQ steht für **Frequently Asked Questions**. Gibt man zusätzlich zum Suchbegriff FAQ ein, ist das schon ein guter Start für einen Einstieg in ein neues Thema. So bringt etwa «FAQ evolution» eine sehr umfangreiche Informationsquelle als Suchergebnis. FAQs gibt es im Internet zu fast jedem Thema.

Viel Spaß beim erfolgreichen Surfen!

Weiterführende Literatur

2   Annäherung

Bionics Symposium. **Living prototypes – the key to new technology.**
Wadt Technical Report 60-600, March 1961-23-899.
United States Airforce Wright Patterson Airforce Base, Ohio.
AD 435 982/XAG
Erhältlich über NTIS (US Department of Commerce's National Technical
Informaton Service); Preis USD 150.--
Email: orders@ntis.fedworld.gov

Bionik, Zukunfts-Technik lernt von der Natur
Katalog des Landesmuseums für Technik und Arbeit, Mannheim
ISBN 3-90804930-1-6

Biologie-Technik
Katalog des Siemens-Forums
ISBN 3-90804930-5-9

3   Anwendung

Bionik Grundlagen und Beispiele für Ingenieure und Naturwissenschaftler
Werner Nachtigall
Springer Verlag
ISBN 3-540-63403-7

4   Fliegen durch Nachahmen

Der Vogelflug als Grundlage der Fliegekunst
Otto Lilienthal
Verlag Oldenburg
ISBN 3-486-23555-9
(Reprint, Originalausgabe 1910)

Die Erfindungen von Leonardo da Vinci
Charles Gibbs-Smith
Verlag Belser
ISBN 3-7630-1698-8

Sul Volo Degli Uccelli
Leonardo da Vinci
Florenz 1505

5 Evolution

Evolutionsstrategie '94
Ingo Rechenberg
Verlag Frommann-Holzboog
ISBN 3-7728-1642-8

6 Form

Collected Works of the Journal of Irreproducible Results, **Bd. I - III**
Herausgegeben von Scherr und Glenn
Verlag Barnes & Noble, NY
ISBN 0760706228

A Stress Analysis of a Strapless Evening Gown **and other essays**
Herausgegeben von Robert A. Baker
Verlag Prentice-Hall, 1963

Leading vortices in insect flight
Ellington, C.P., van den Berg, C., Willmot, A.P. and Thomas, A.L.R. (1996)
Artikel in der Zeitschrift NATURE 384 (626-630).

Power output from a flight muscle of the bumble bee terrestris.
Some features of the dorso-ventral flight muscle.
Josephson, R.K. and Ellington, C.P. (1996)
Artikel in der Zeitschrift: Journal of Experimental Biology 200 (1215-1226)

The Simple Science of Flight
From Insects to Jumbo Jets
Henk Tennekes
MIT Press
ISBN 0-262-20105-4
Deutsche Übersetzung:
Kolibris und Jumbojets – Die simple Kunst des Fliegens.
ISBN 376 435 4623

Die deutsche Übersetzung weist einige (fachlich) unschöne Übersetzungen auf; die englische Ausgabe ist auch hierzulande erhältlich.

Vorbild Natur
Werner Nachtigall
Springer Verlag
ISBN 3-540-63245-X

Eisbären
Charles T. Feazer
Heyne Sachbuch 19/309
ISBN 3-453-07811-X

7 Oberfläche

Wie Schnecken sich in Schale werfen
Hans Meinhardt
Springer Verlag
ISBN 3-540-61945-3

Warum die Eisbären schwarze Nasen haben
Winfried Wolf und Ulises Wensell
Otto Maier Verlag Ravensburg
ISBN 3-473-33864-8

Thema Eisbärenfell – Aufsätze PRO Lichtleiter

1. Grojean, R. E., Sousa, J. A., and Henry, M. C., "Utilization of solar radiation by polar animals: an optical model for pelts", Applied Optics 19, 339-46 (1980).

2. Tributsch, H., Goslowsky, H., Küppers, U., and Wetzel, H., "Light collection and solar sensing through the polar bear pelt", Sol. Energy Mater. 21, 219-36 (1990).

3. Alexis G. Clare, interview on National Public Radio's "All Things Considered", March 1995.

Thema Eisbärenfell – Aufsätze KONTRA Lichtleiter

1. Koon, Daniel W., "Is Polar Bear Hair Fiber Optic?", Applied Optics, 37, 3198-3200 (1998).

2. Bohren, Craig F. and Sardie, Joseph M., "Utilization of solar radiation by polar animals: an optical model for pelts; an alternative explanation", Appl. Opt. 20, 1894-6 (1981).

3. Bendit, E. G. and Ross, D., "Techniques for obtaining the ultraviolet absorption spectrum of solid keratin", Appl. Spectros. 15, 103 (1961).

8   Alles rennet, rettet, fliegt

Zen in der Kunst des Bogenschiessens
Eugen Herrigel
Otto Wilhelm Barth Verlag, 1991
ISBN 3-502-64280-X

Muscular Force in Running Turkeys
T. J. Roberts, Science Magazin 275, 1067 (1997)

9   Sensor

Bionik – Patente der Natur
Herausgegeben vom World Wide Fund for Nature
Verlag Pro Futura, München

Forschen in Jülich
Nr.2/98, September 98, Schwerpunktthema Sensoren
Magazin des Forschungzentrums Jülich

Meine erste Katze
Helga Kleisny
Naturbuchverlag (Weltbildgruppe)
ISBN 3-89440-275-X

10   Gedankenverbindungen

Fuzzy Sets
Lofti Zadeh
Beitrag in „Information and Control", 8: 338-353

Wie neuronale Netze aus Erfahrung lernen
Geoffrey E. Hinton
Beitrag in „Spektrum der Wissenschaft", November 1992

Mathematische Unterhaltungen
Christoph Pöppe
Beitrag in „Spektrum der Wissenschaft", Oktober 1996

Biologie des Menschen
Volker Sommer
Spektrum Akademischer Verlag
ISBN 3-8274-0106-2

11   Kunst und Spiele

The Unofficial Guide to LEGO Mindstorms Robots
Jonathan B. Knudsen
Verlag O'Reilly & Associates Inc.
ISBN 1565926927

Eine Insel für die Zeit
Herausgeber Wilhelm Holderied
Hirmer Verlag München

12   Die Zukunft

Alle Robotergeschichten
Isaac Asimov
Verlag Lübbe
ISBN 3404240820

Sterntagebücher
Stanislav Lem
Suhrkamp Verlag
ISBN 3518369598

Die versuchte Wiederbelebung (AKW Zwentendorf)
Artikel aus dem Magazin "Der Spiegel" 48/1978

"Kümmert Sie, was andere Leute denken?"
Richard P. Feynman
Piper Verlag
ISBN 3-492-03371-7

Quarks. Urstoff unserer Welt
Harald Fritzsch
Serie Piper
ISBN 3492216552

Die sechste Milliarde
Bevölkerungswachstum und nachhaltige Entwicklung
Klaus M. Leisinger
Verlag C. H. Beck
ISBN 3406421407

1984
George Orwell
Ullstein Verlag
ISBN 3548234100

Schöne neue Welt
Aldous Huxley
Fischer Taschenbuch
ISBN 3596200261

Scientific American:
1) Quantum Computing with Molecules (June 1998)
2) Quantum Teleportation (April 2000)

Anhang

Hilfsmittel Internet

Abenteuer Internet, **Tipps und Tricks zur Internet-Recherche**
Helga Kleisny, BoD
ISBN 3-8311-2215-6

Mit dem Macintosh ins Internet
Helga Kleisny
Smartbooks Verlag, Kilchberg, Schweiz
ISBN 3-908489-70-9

Was finden Millionen von Menschen weltweit an einer Katze so faszinierend?

Warum ist eine Katze der beste Management-Trainer? Wie bringt man den Meister der Manipulation dazu, streichelwillig und anschmiegsam zu reagieren? Wie entsteht aus zwei Lebewesen, die so wenig gemeinsam haben wie Mensch und Katze, eine Gemeinschaft, von der beide profitieren?

Helga Kleisny ergründet das Wesen und die Verhaltensweisen der Haustiger in vergnüglicher und unterhaltsamer Form. Mit zahlreichen Farbbildern und Illustrationen.

Die französische Lizenzausgabe ist als Hardcover erschienen.

Helga Kleisny
Mon premier Chat
Le choisir, l'élever, le soigner, l'aimer…
Éditions Philippe Auzou
Paris 1998
ISBN 2-7338-0500-2

Wenn die Katze behaglich schnurrt und zeigt, daß ihr die Zuwendung des Menschen gefällt...

...dann haben sich zwei gefunden, die nicht unbedingt für einander bestimmt sind.

Was Millionen von Menschen weltweit an einer Katze so faszinierend finden, beschreibt die Autorin nachvollziehbar und für jeden erlernbar in diesem ansprechenden Buch.

Warum ist eine Katze der beste Management-Trainer? Wie bringt man den Meister der Manipulation dazu, streichelwillig und anschmiegsam zu reagieren? Wie entsteht aus zwei Lebewesen, die so wenig gemeinsam haben wie Mensch und Katze, eine Gemeinschaft, von der beide profitieren?

Helga Kleisny ergründet das Wesen und die Verhaltensweisen der Haustiger in vergnüglicher und unterhaltsamer Form.

Mit zahlreichen Farbbildern und Illustrationen.

Helga Kleisny

Meine erste Katze

Anschaffen, ernähren, pflegen, verstehen
Weltbild Verlag Augsburg, 1997
ISBN 3-89440-275-X

Auf ins Wunderland Internet

Was haben Meeresrauschen und das Internet gemein? Jede Sekunde ein anderes Ausmaß, andere Teilnehmer, einen anderen Ort. Ein Wassermolekül, das gerade noch ganz oben ist, ist Bruchteile von Sekunden später nicht mal mehr Teil der Welle.

Das einzig Beständige am Internet ist der Wandel. Die heute absolut hippe Adresse führt morgen schon ins Leere.

Und weil sich Anbieter, Zugangstechniken und damit auch die Möglichkeiten für den Nutzer ständig ändern, ist diese Neuauflage inhaltlich vollkommen überarbeitet.

Dieses Buch hilft Ihnen in Schritt-für-Schritt-Anleitungen, schnell und elegant von den ersten Schritten bis zum Profi-Surfen.

Neueinsteiger, Umsteiger und selbst geübte Surfer finden Tipps und Tricks für den effizienten Zugang zur gesuchten Information.

Angepasst an die iMac-Philosophie und neue Programme ist es doch eine Lektüre mit bewährtem Helga-Kleisny-Inhalt: leicht bekömmlich, anregend und trotzdem die beste fachliche Hilfe, in die Weiten des WWW-Universums vorzudringen. :-)

Helga Kleisny
Mit dem Macintosh ins Internet
mit CD-ROM
SmartBooks Publishing AG, 1999
ISBN 3-908489-70-9
Zweite, überarbeite, aktualisierte und erweiterte Auflage

Das meint die Presse

Zahlreiche weitere Buch-kritiken, TV-Präsentation (VOX) und Interview im Hessischen Rundfunk (hr skyline) finden Sie auf der Website
www.kleisny.de

Warum Fliegen sich im Kino langweilen

Ansonsten bringt es ein Feuerwerk von lesenswerten Informationen aus Wissenschaft und Technik, die in unkonventioneller Weise nach Begriffen wie «Macht», «Spaß» oder «Zeit» sortiert sind.
Die Autorin beschreitet bewußt neue Wege der Wissenschaftskommunikation. Da kann man nur kommentieren: Die Welt gehört denen, die neu denken.

Dr. Norbert Lossau in «**Die Welt**»

Trotz seiner prallen Fülle an Informationen ist dies neue Werk der in Langen lebenden Physikerin, Journalistin und Pilotin kein trockenes Lehrbuch, sondern ein höchst amüsanter Streifzug zwischen Wissenschaftsgeschichte, wirklichem Leben und der schönen neuen Welt technischer Utopien.

Höchst praktischen Nutzen hat dieses Werk für alle Zeitgenossen, die schon seit längerem nach dem Internet schielen, sich aber nicht mit Fragen wie «Ja, wie komme ich denn da rein?» und «wie finde ich dort was?» als technisch Zurückgebliebener bloßstellen möchten.

Kleisny führt nicht nur mit dem Kapitel «Hilfsmittel Internet» in die Benutzung hilfreicher Suchmaschinen ein, ohne die jegliche Suche im Internet noch zeitaufwendiger und umschweifiger wäre als die sprichwörtliche im Heuhaufen. Die Autorin hat in die Erzählung immer wieder Hinweise auf informationsträchtige Suchbegriffe wie leckere Köder eingestreut, die das Suchen am PC fast zur Sucht werden lassen.

Dr. Stephan Görisch in «**Darmstädter Echo**»

Credits für dieses interaktive Buch gebühren

dem "Rollkragen-Professor" an der TU Wien, für den schon vor vielen Jahren die Bedeutung der Bionik feststand und der dies gegen alle Widrigkeiten auch kund tat;

CDs von Van Morrison, Jacques Offenbach, Richard Strauss, Carlos Saura's Carmen, Fats Domino, Jerry Lee Lewis, Lou Reed, Nirvana, Queen B, Paula Cole, Eurythmics, Lou Bega, Richard Wagner und diverse Techno-Tracks, die mich in langen Nächten begleitet haben;

Norman Kent und Team (Inspiration),
Prof. Werner Nachtigall (Fachwissen),
Monika Sander (Recherche),
Dr. Dieter Möller (Recherche),
Dr. Christian Rotta (Recherche und Verleger-Verständnis)
Michael Stefer (Bücherfotos und Geduld),
Marc Tulke (Basislayout)
Barbara Schulze und Bernhard Pfendtner (Produktion)
dem Magazin "Der Spiegel" (Bestätigung und Information).

Texte zu Norman Kents Video: **Willing to Fly**
im Original von Sarah Ryan, Tiger Moon Press.
Ausgewählt, übersetzt und bearbeitet von Helga Kleisny.
Mit freundlicher Genehmigung von Norman Kent. Blue skies!

Information zu Video, Buch und Musik „**Willing to Fly**"
www.normankent.com
oder konventionell:
Norman Kent Productions
PO Box 1749
Flagler Beach
Florida 32136, USA
Tel. 001-904-446-0505
Fax 001-904-446-0602

**If you do
what you always did**

**you will get
what you always got.**

Start
thinking
now